普通高等教育机电类系列教材

工程制图与计算机绘图习题集

李 虹 刘 虎 主编

机 械 工 业 出 版 社

本习题集与李虹、暴建岗主编的《工程制图与计算机绘图》配套使用，本套教材以培养具有实际动手能力的人才为目的，以增强实践能力为重点。本习题集将基础理论和实际应用有机结合，便于学生巩固所学知识，强化实践环节，以探索建立具有独立学院教育模式的教材体系。

本习题集贯彻了主教材的指导思想和教学方法，习题安排与主教材知识点相对应，对课程的学习起到加深和强化的作用。本习题集内容主要包括：正投影基础，制图国家标准基本知识，绘图基本技能，立体，计算机绘图基础，轴测图，组合体，机件常用的表达方法，螺纹及螺纹紧固件，键、销、齿轮及弹簧，零件图及装配图。

除抄画题和计算机绘图题外，每道习题后均有二维码，读者可通过扫描二维码获取该题的参考答案。

本套教材可作为高等工科院校，尤其是工科独立学院的机械类和近机械类各专业的机械制图、工程制图等课程的教材，也可供其他院校师生及工程技术人员参考。

图书在版编目（CIP）数据

工程制图与计算机绘图习题集/李虹，刘虎主编. —北京：机械工业出版社，2019.9（2025.6 重印）

普通高等教育机电类系列教材

ISBN 978-7-111-63542-0

Ⅰ.①工… Ⅱ.①李… ②刘… Ⅲ.①工程制图-高等学校-习题集②计算机制图-高等学校-习题集 Ⅳ.①TB23-44②TP391.72-44

中国版本图书馆 CIP 数据核字（2019）第 182033 号

机械工业出版社（北京市百万庄大街 22 号　邮政编码 100037）
策划编辑：舒　恬　责任编辑：舒　恬　徐鲁融
责任校对：李　婷　封面设计：张　静
责任印制：刘　媛
北京联兴盛业印刷股份有限公司印刷
2025 年 6 月第 1 版第 9 次印刷
370mm×260mm · 15 印张 · 184 千字
标准书号：ISBN 978-7-111-63542-0
定价：46.80 元

电话服务　　　　　　　　网络服务
客服电话：010-88361066　机　工　官　网：www.cmpbook.com
　　　　　010-88379833　机　工　官　博：weibo.com/cmp1952
　　　　　010-68326294　金　书　网：www.golden-book.com
封底无防伪标均为盗版　机工教育服务网：www.cmpedu.com

前　言

　　本习题集与李虹、暴建岗主编的《工程制图与计算机绘图》配套使用，本套教材以培养具有实际动手能力的人才为目的，以增强实践能力为重点，在注重基础理论的同时侧重于实际应用，便于学生巩固所学知识，强化实践环节，以探索建立具有独立学院教育模式的教材体系。

　　本习题集贯彻了主教材的指导思想和教学方法，习题安排与主教材知识点相对应，对课程的学习起到加深和强化的作用。本习题集自身具有以下特点：

　　1. 注重基础。由于教学内容多，课堂学时少，因此在习题的编写上注重强化基础训练，适当提高难度。

　　2. 服务自学。为便于学生在课后复习与自检，本习题集配有习题参考答案，读者可通过扫描题目后的二维码查看。

　　本习题集内容主要包括：正投影基础，制图国家标准基本知识，绘图基本技能，立体，计算机绘图基础，轴测图，组合体，机件常用的表达方法，螺纹及螺纹紧固件，键、销、齿轮及弹簧，零件图及装配图。

　　本习题集由李虹、刘虎主编。参与编写的还有李俊鹏、刘彩花、张少坤、孟书伟、白晓蓉、温江汇、周慧珍、白晨媛。

　　本套教材在编写过程中受到了中北大学信息商务学院领导的高度重视和支持，在此表示诚挚的感谢。

　　由于编写时间和编者水平的限制，本习题集中难免存在缺点或不足，恳请广大读者批评指正。

编　者

目　　录

第 1 章　正投影基础

1. 由立体图画出 A、F 两点的投影图。

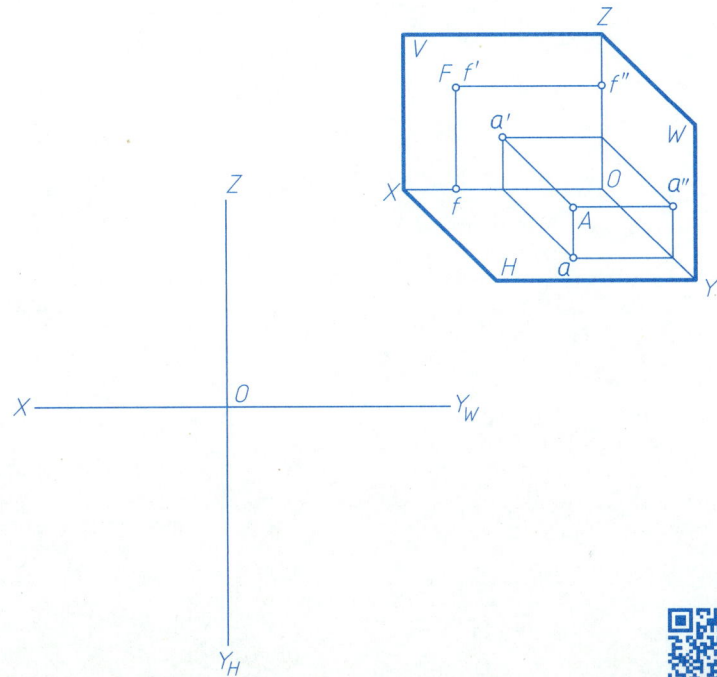

2. 已知点 A 到 V、H、W 投影面的距离分别为 15mm、20mm、30mm，点 B（30，0，20），试作两点的三面投影。

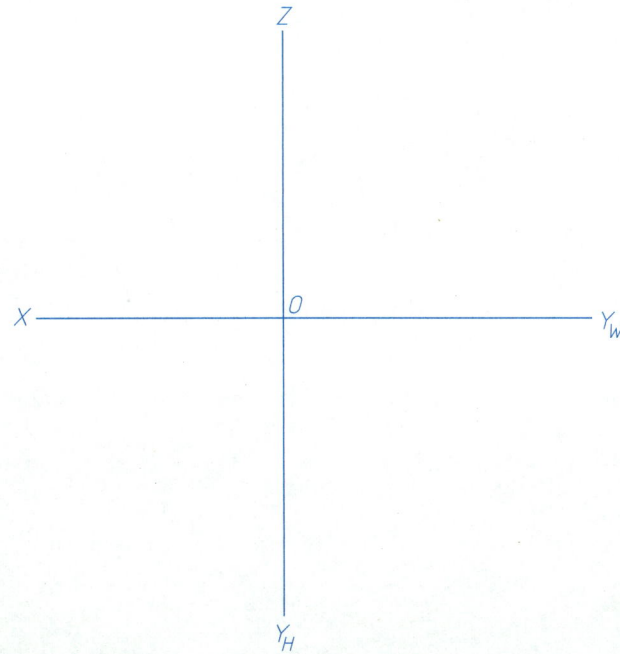

3. 已知点 B 在点 A 上方 15mm，右方 20mm，后方 10mm 处，试作其三面投影。

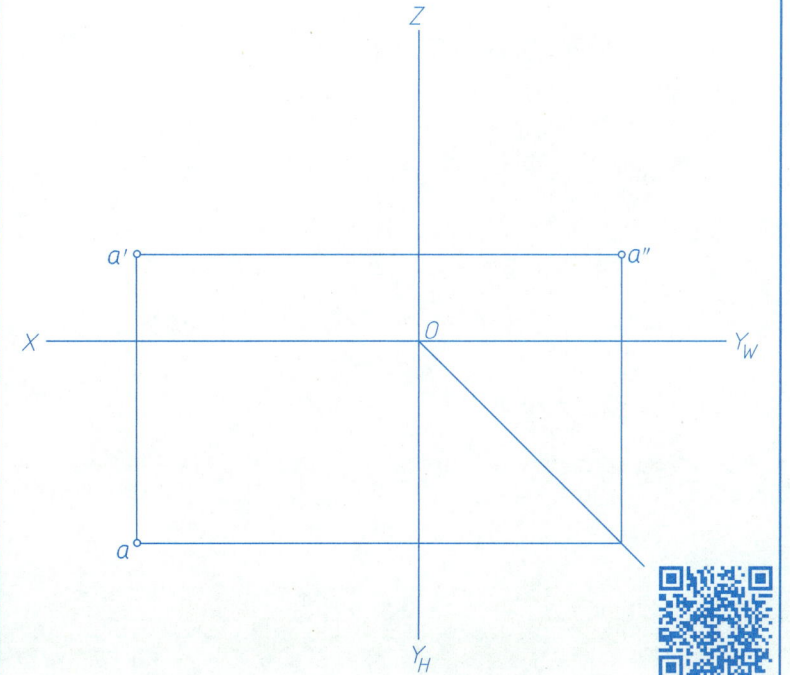

4. 已知点 A、B、C 的两面投影，补画它们的第三面投影和立体图。

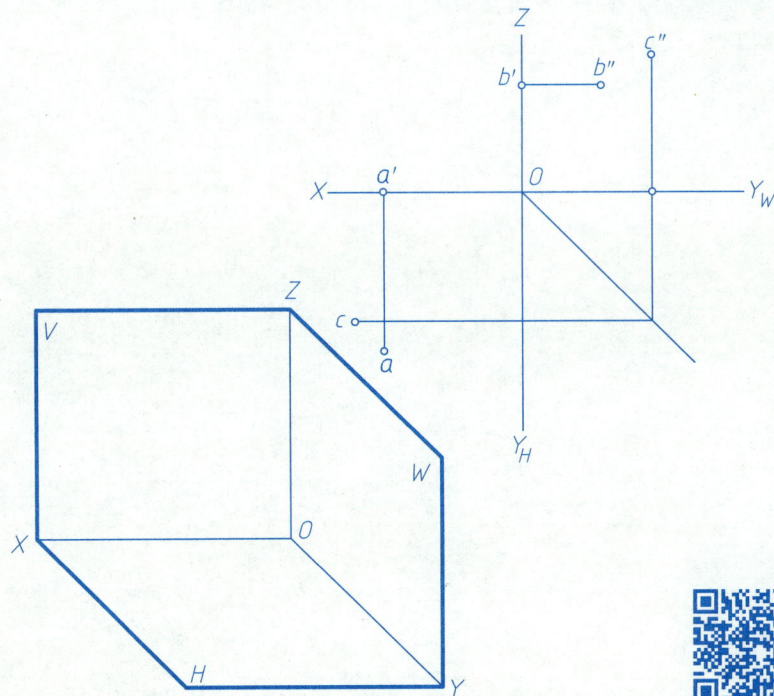

5. 试根据图示已知条件，补全坐标轴并作出 b 和 c″。

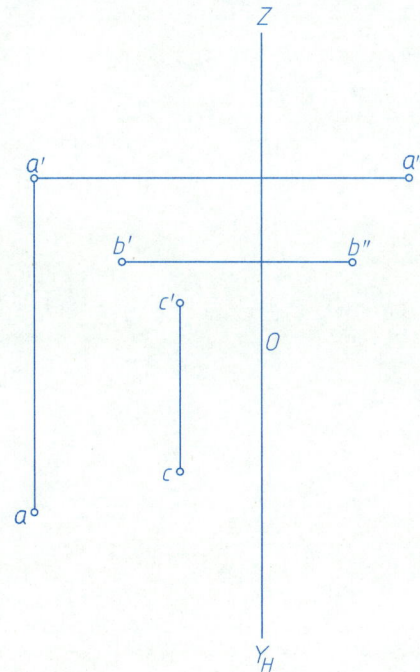

6. 已知点 A 和点 B、点 C 和点 D 是两对重影点，点 B 在点 A 后方 15mm 处，点 D 在点 C 下方 10mm 处，作出它们的三面投影。

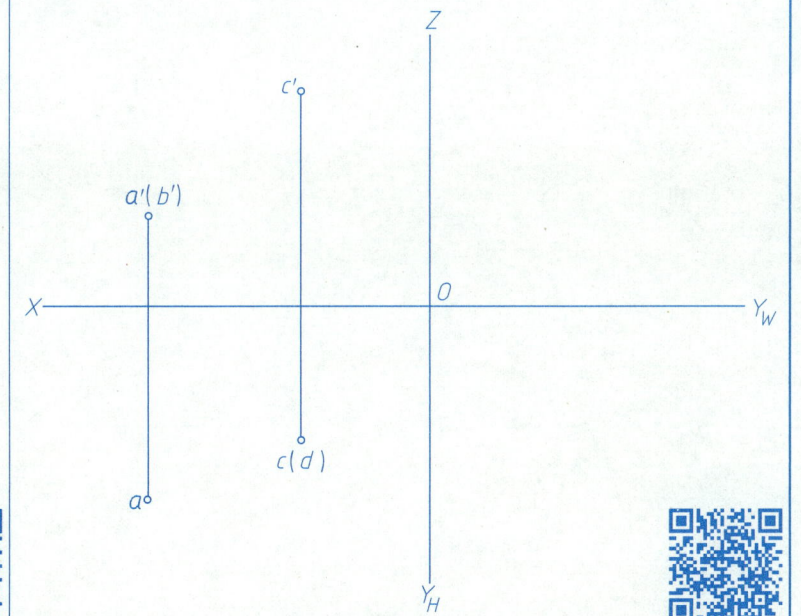

1. 判断下列直线对投影面的相对位置并填在横线上，作出它们的第三面投影。

（1）AB 是 _____ 线。　　　　　（2）EF 是 _____ 线。　　　　　（3）KM 是 _____ 线。　　　　　（4）PN 是 _____ 线。

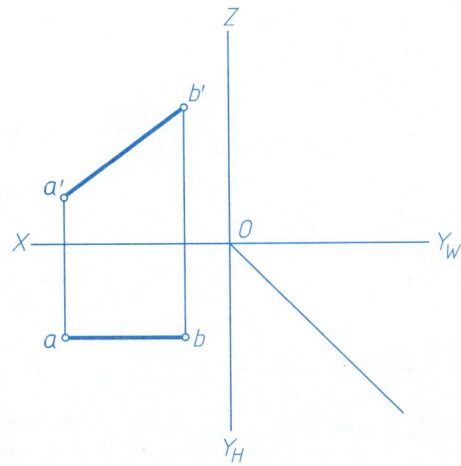

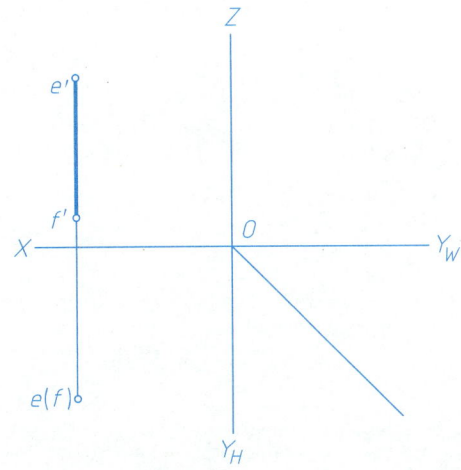

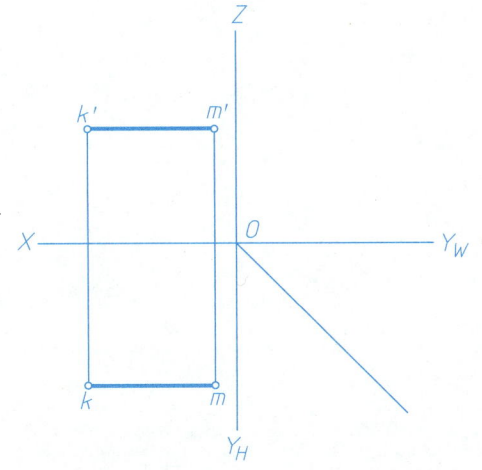

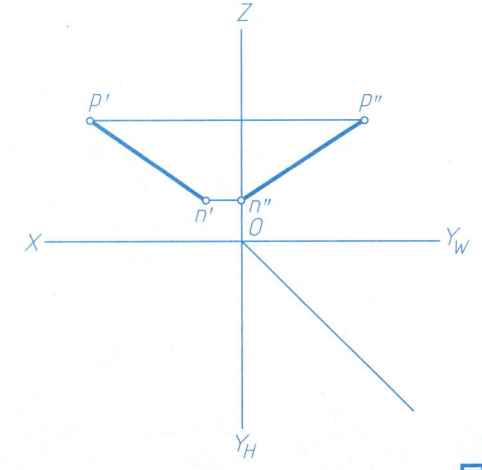

2. 已知直线 AB 的水平投影，且点 B 距 H 面 10mm，作线段 AB 的三面投影。

3. 已知直线 AB 的实长为 15mm，$\alpha = 30°$，且点 B 在点 A 的右下方，作正平线 AB 的三面投影。

4. 已知点 C 在直线 AB 上方，$AC : CB = 3 : 2$，求作点 C 的两面投影。

5. 判断交叉两直线的重影点，作出其两面投影，并将不可见的投影加括号。

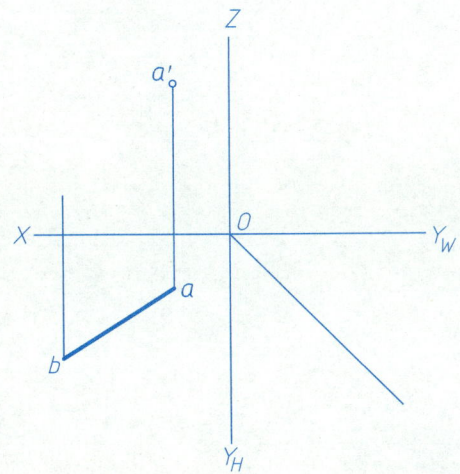

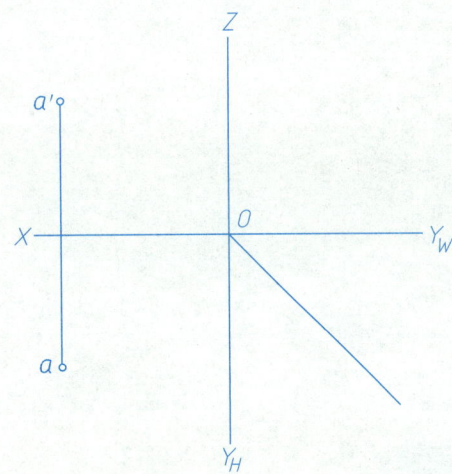

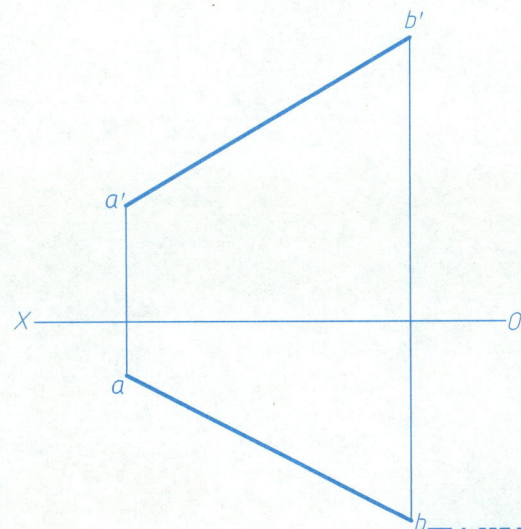

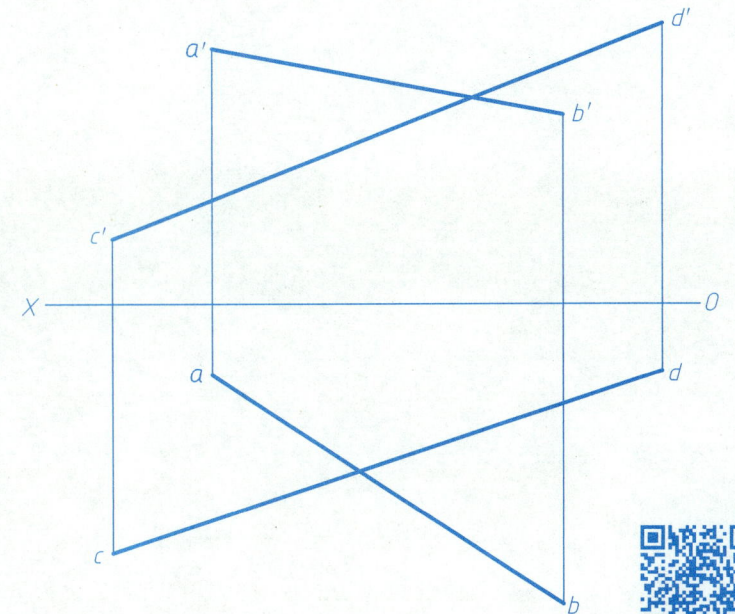

1. 判断两直线的相对位置并填在横线上。

（1）直线 *AB* 与 *CD* _____。　（2）直线 *AB* 与 *CD* _____。　（3）直线 *AB* 与 *CD* _____。　（4）直线 *AB* 与 *CD* _____。　（5）直线 *AB* 与 *CD* _____。

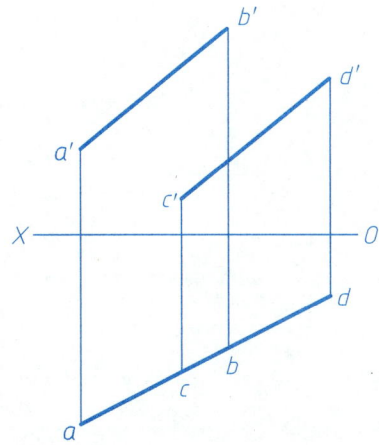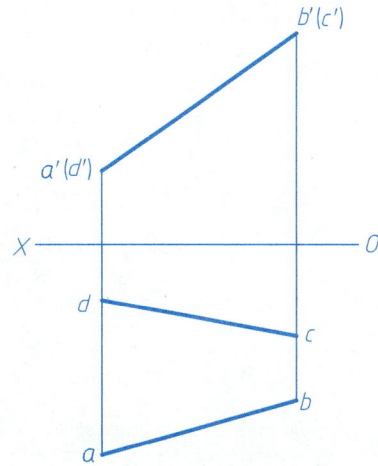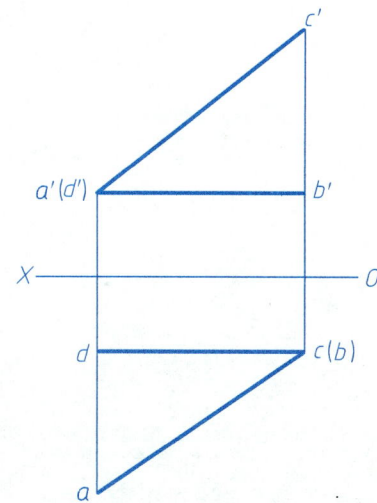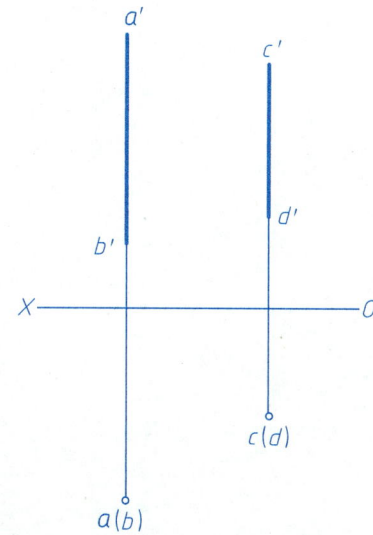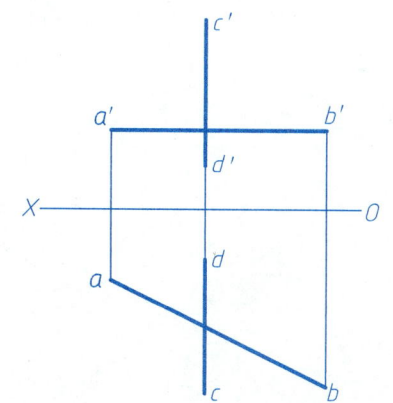

2. 已知侧平线 *CD* 实长 20mm，且 $\alpha=\beta$，请补全三面投影。

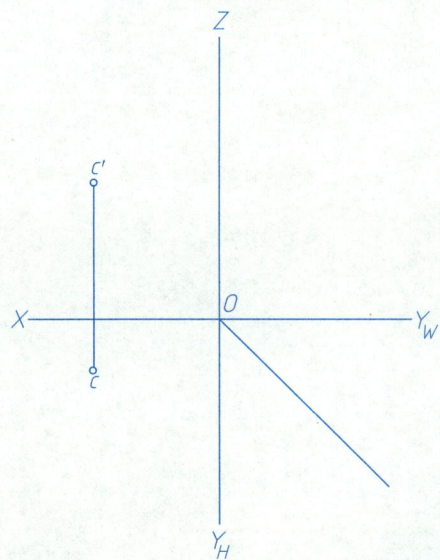

3. 已知直线 *AB* 的正面投影 $a'b'$ 及点 *A* 的水平投影 a，按题设条件作出直线 *AB* 的水平投影。

（1）$\alpha=30°$。　　　　（2）$\beta=30°$。　　　　（3）$AB=25$mm。

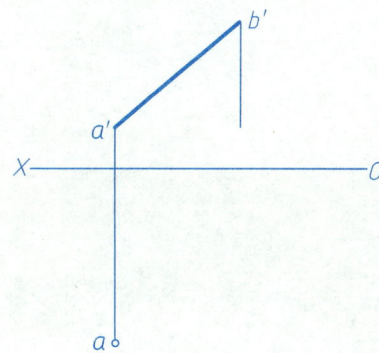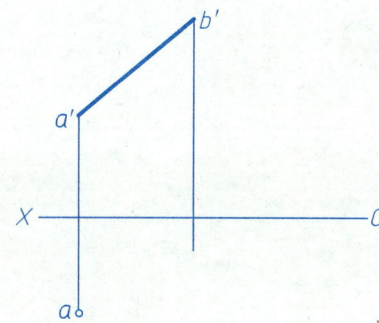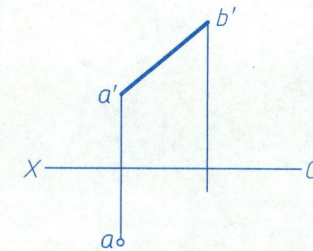

1. 判断下列各平面属于哪一种位置的平面并填在横线上。

（1）平面 ABCD 为＿＿＿＿＿面。　　　（2）平面 ABCD 为＿＿＿＿＿面。

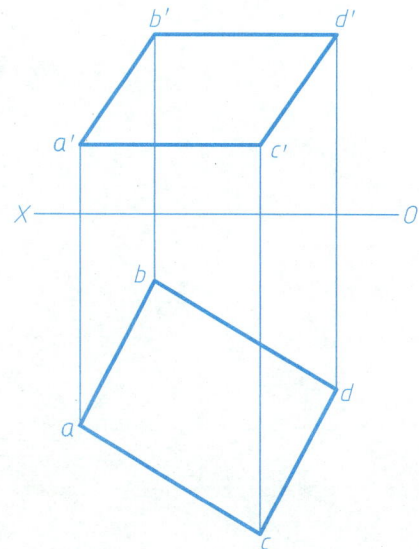

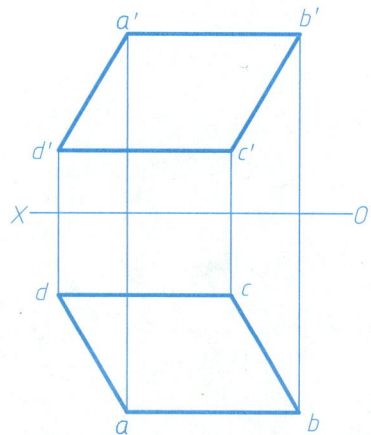

2. 过直线 AB 作投影面垂直面（只作一解）。

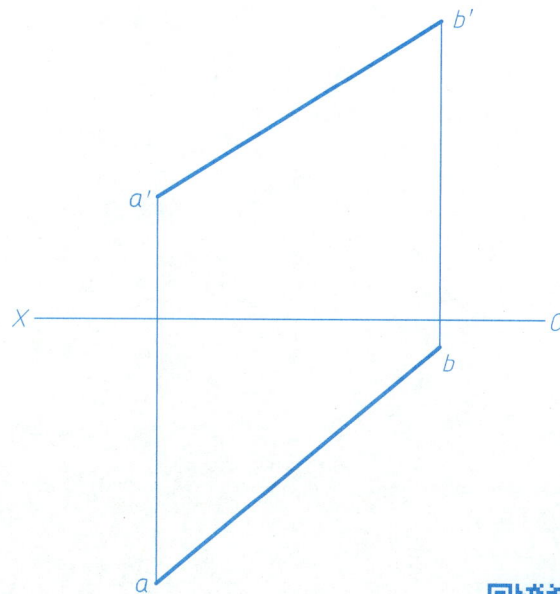

3. 作出平面多边形的第三面投影。

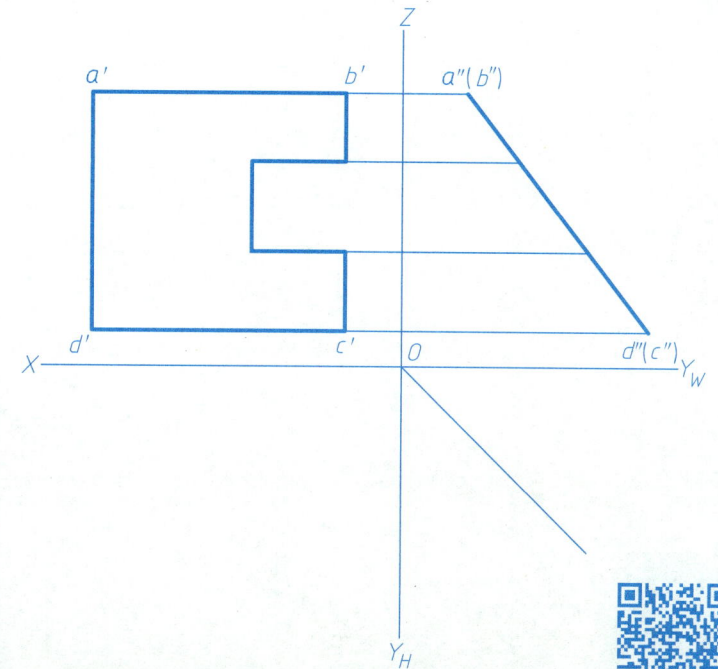

4. 判别点 K 是否在平面 ABC 上，并将结论填写在横线上。

结论：＿＿＿＿＿＿＿

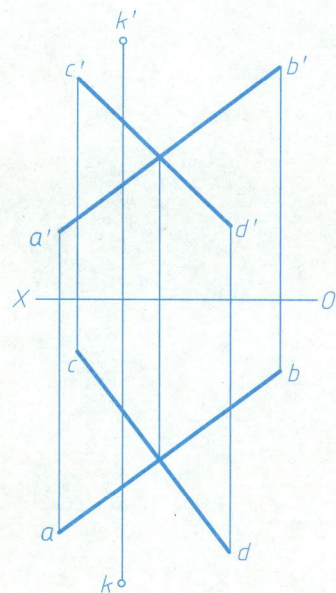

5. 已知直线 KM 在由直线 L_1 和 L_2 确定的平面内，作出 KM 的另一面投影。

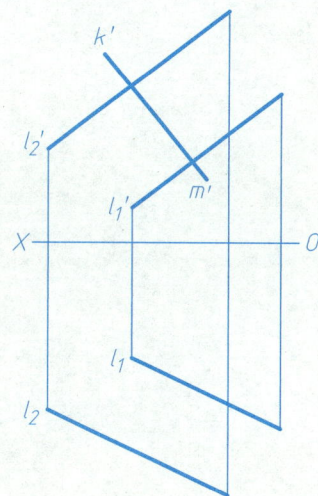

6. 平面 ABCD 由正平线 AB 和水平线 CD 确定，完成其正面投影图。

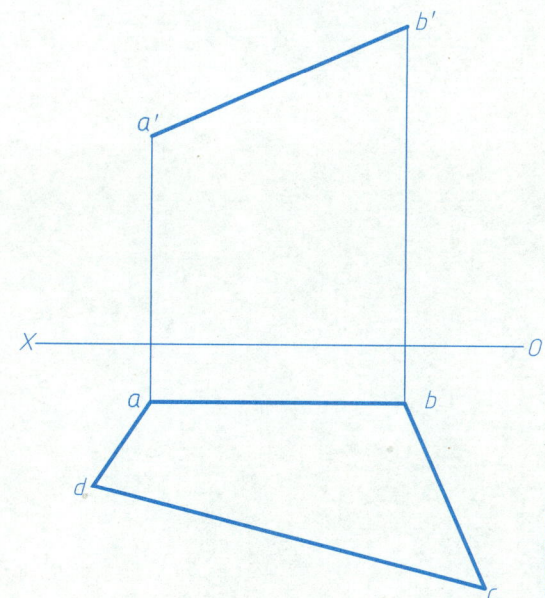

1234567890 1234567890 1234567890

ABCDEFGHIJKLMNOPQRSTUVWXYZφαβγ

机械工程图学大学学院班级姓名学号

材料比例数量重量技术要求倒角其余

赵钱孙李周吴郑王冯陈楚卫蒋沈韩杨

序号螺母栓钉垫圈国标零部件钻孔深

1. 注出图中各方向的尺寸（数值均为16）。

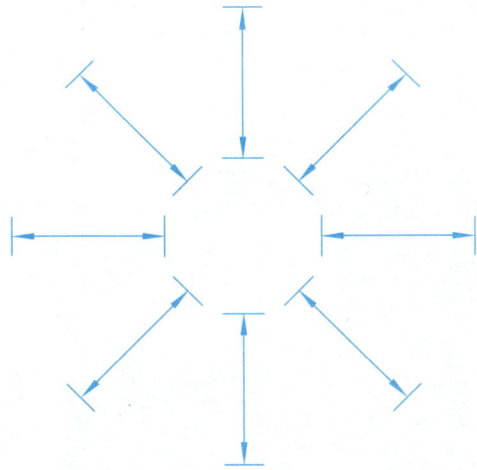

2. 注出角度（角度数值由图中量得，并取整数）。

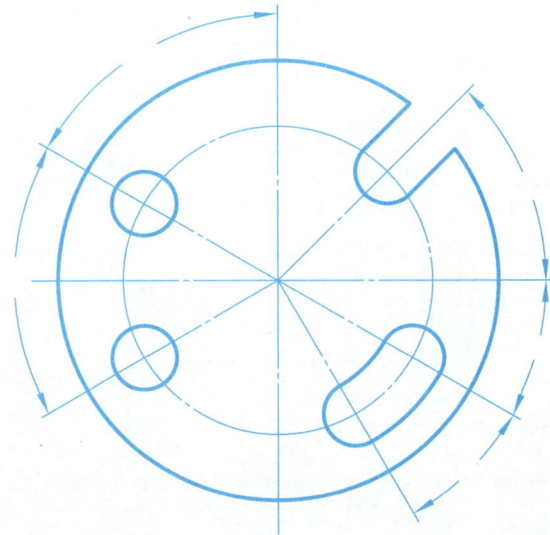

3. 注出圆的直径（尺寸数值由图中量得，并取整数）。

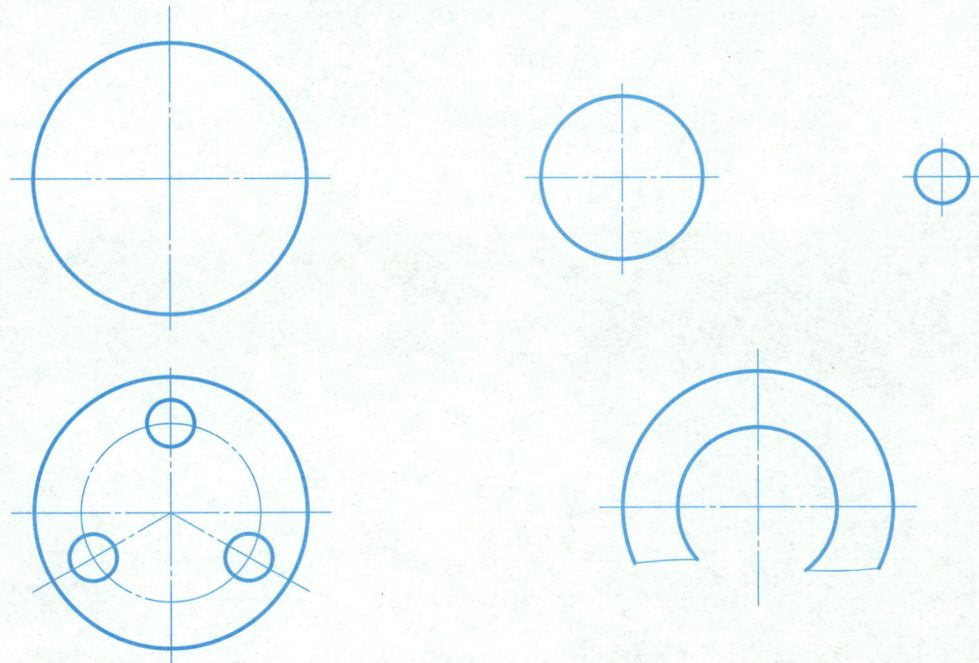

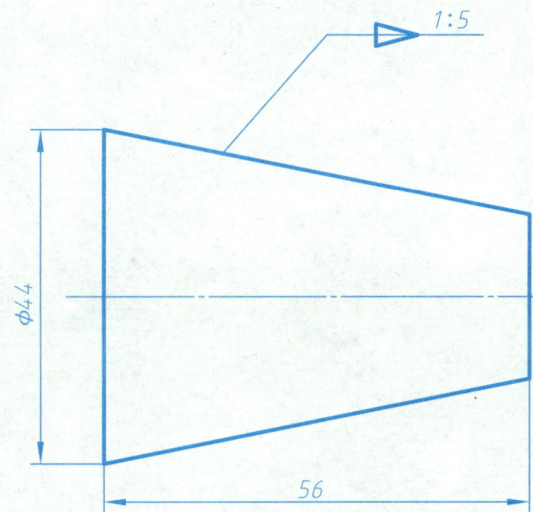

4. 根据下列图中的尺寸，在右侧空白处按1：1的比例抄画该图并标注尺寸。

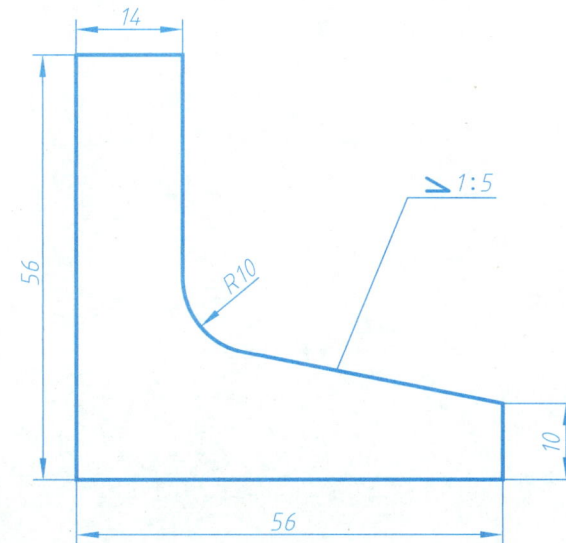

习题 3　绘图基本技能	班级：	学号：	姓名：	7

1. 线型练习（不注尺寸）。

2. 按图形及要求绘图。

（1）起重钩　　　　　　　（2）挂轮架

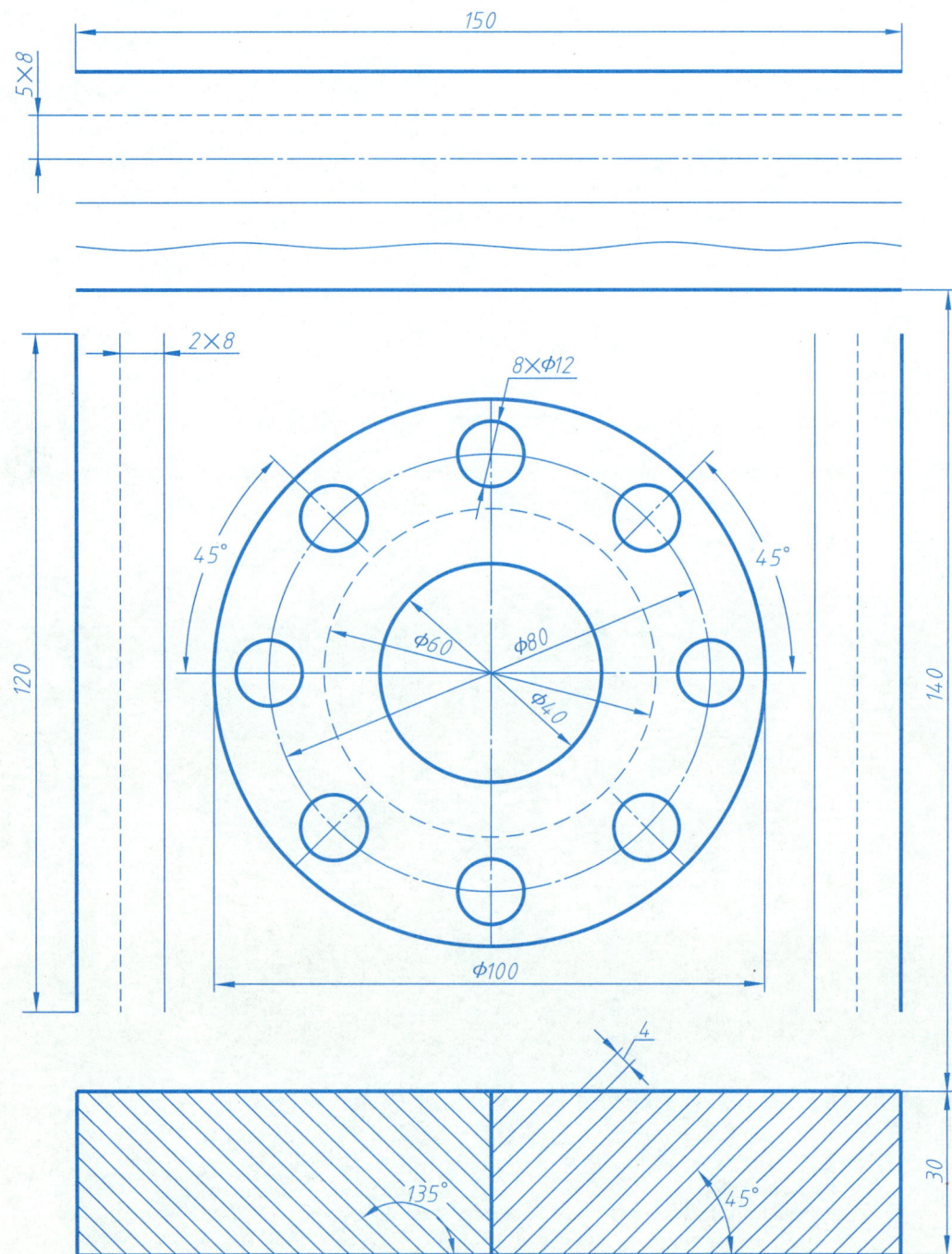

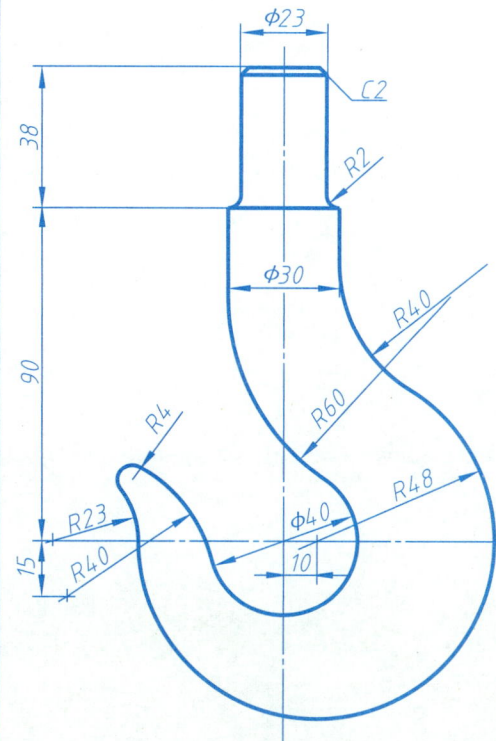

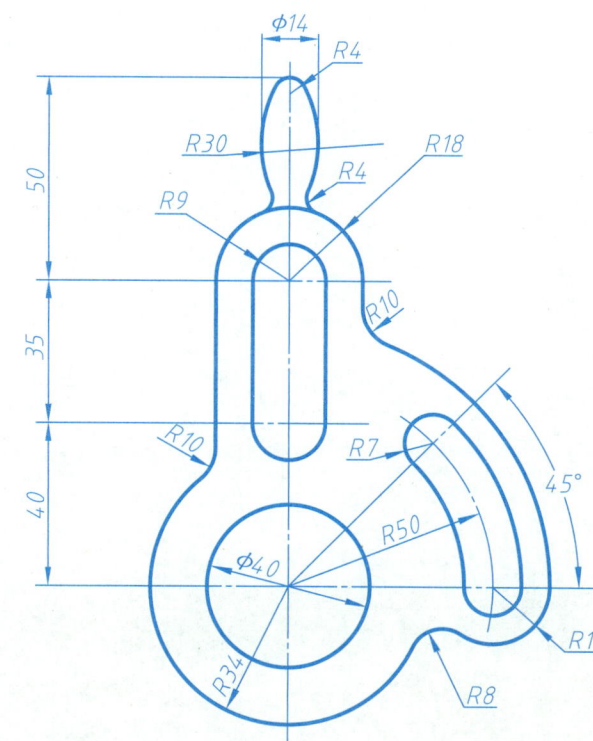

一、作业目的、内容与要求

1. 目的、内容：初步掌握技术制图与机械制图国家标准的有关内容，学会绘图仪器和工具的使用方法。从起重钩和挂轮架中任选其一练习抄画线型和零件轮廓（不注尺寸）。

2. 要求：图形正确、布置适当、线型合格、字体工整、尺寸完整、符合国标、连接光滑、图面整洁。

二、图名、图幅、比例

1. 图名：基本练习。

2. 图幅：A3。

3. 比例：1：1。

三、绘图步骤及注意事项

1. 绘图前应对所画图形仔细分析以确定正确的作图步骤，要特别注意零件轮廓线上圆弧连接处的各切点及圆心位置必须正确作出，在图面布置时还应考虑预留标注尺寸的位置。

2. 线型：粗实线宽度为 0.7mm，虚线及细线宽度约为粗实线的 1/2，即 0.35mm，虚线长度约 4mm，间隙约 1mm，点画线长 15～20mm，间隙及作为点的短画共约 3mm。

3. 字体：图中汉字均写长仿宋体，校名、图名写 7 号字，姓名、班级、学号写 5 号字，图中尺寸数字写 3.5 号字。写字前应先画两条平行细线，以保证尺寸数字高度一致。

4. 加粗粗实线：完成底稿后，用 2B 铅笔加粗所有粗实线，加深时要先画圆后画直线，圆规所用铅芯应比画直线的铅笔软一号。

1. 作出六棱柱的左视图，补全其表面上点 A、点 B 的三面投影。

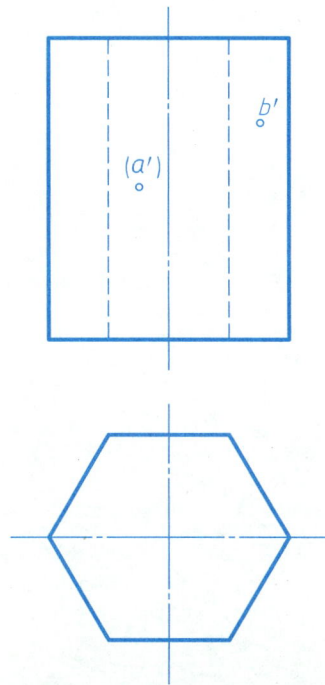

2. 作出五棱柱的左视图，补全其表面上点 A、点 B 的三面投影。

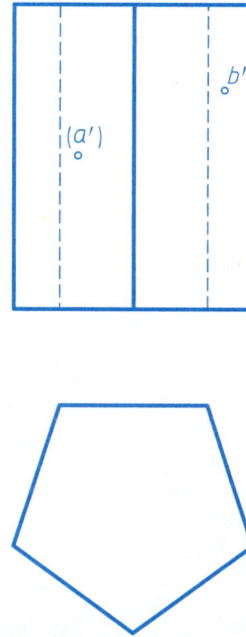

3. 作出三棱锥的左视图，并画出棱锥表面上的线段 LM、MN、NL 的其他两面投影。

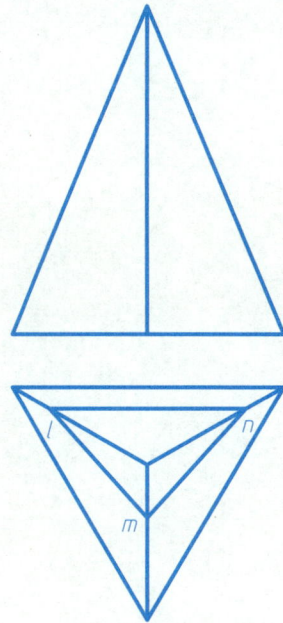

4. 作出四棱台的左视图，并补全其表面上点 A、点 B、点 C 的三面投影。

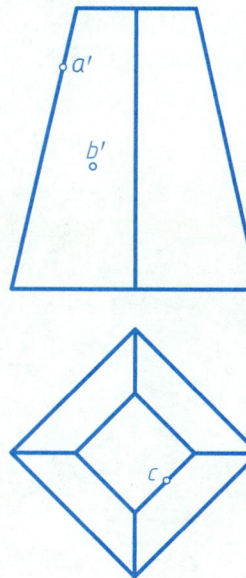

1. 作出三棱柱被正垂面截切后的左视图并补全俯视图。

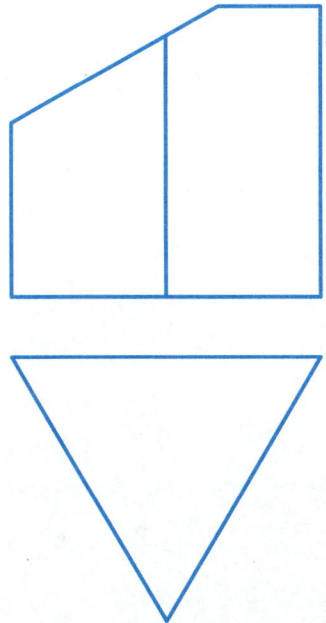

2. 作出四棱柱被正垂面截切后的左视图并补全俯视图。

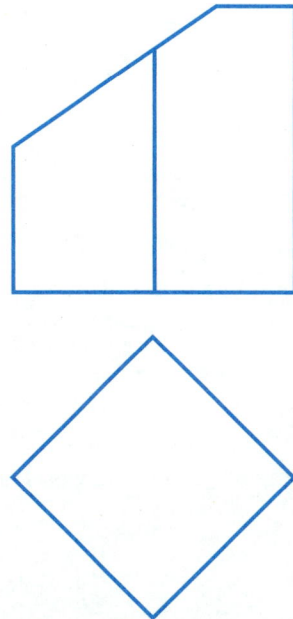

3. 作出五棱柱被正垂面和侧平面截切后的左视图并补全俯视图。

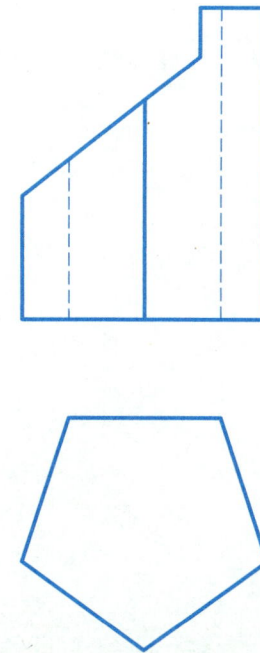

4. 作出三棱锥被正垂面截切后的左视图并补全俯视图。

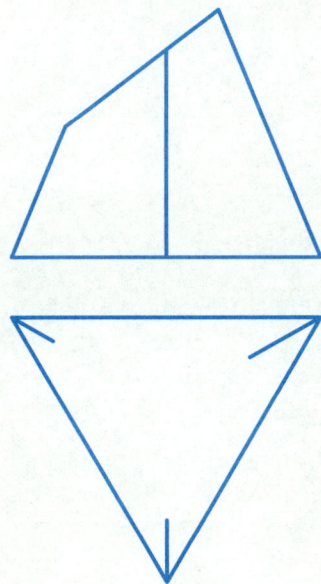

5. 作出四棱锥被正垂面截切后的左视图并补全俯视图。

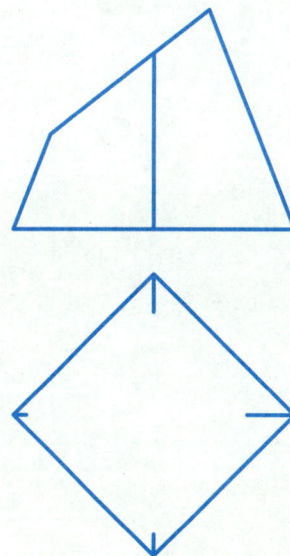

6. 作出五棱台被正垂面截切后的左视图并补全俯视图。

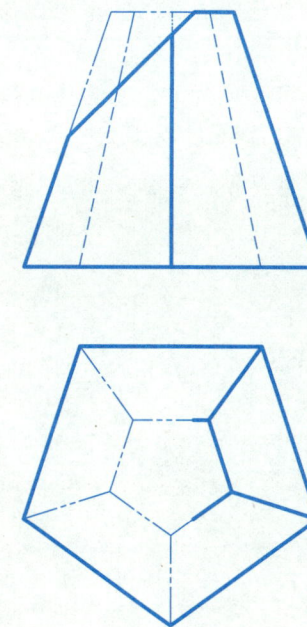

1. 已知曲面立体的两个视图，求作第三视图，并完成立体表面上各点或线的投影。

（1）

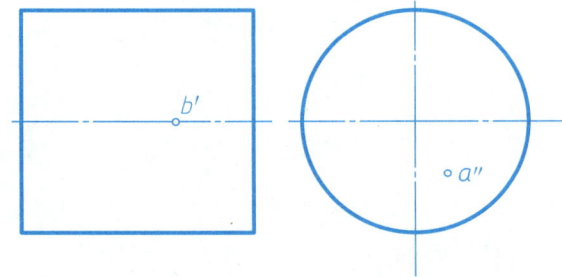

（2）

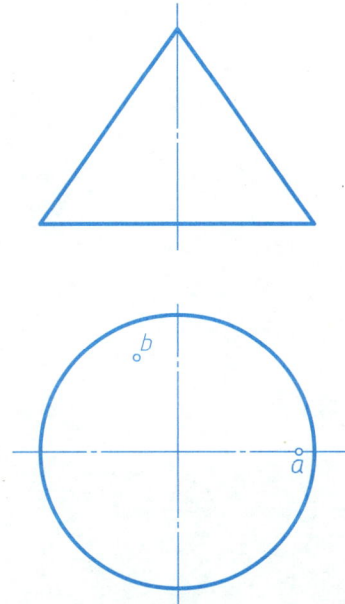

（3）

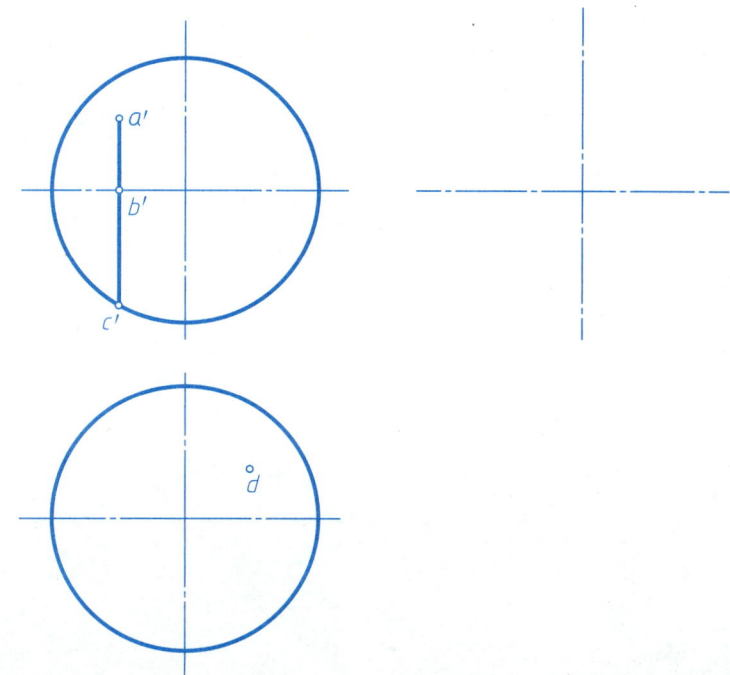

2. 平面截切曲面立体，画出立体的截交线并补全立体的三视图。

（1）

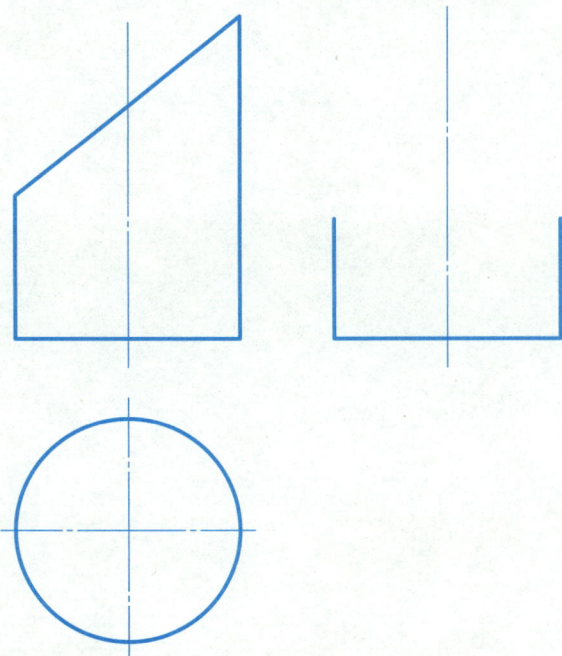

（2）

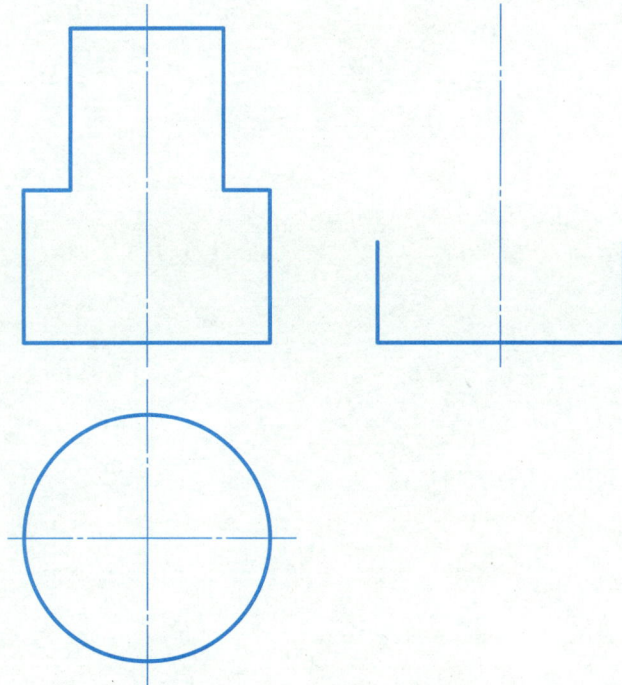

（3）

1.
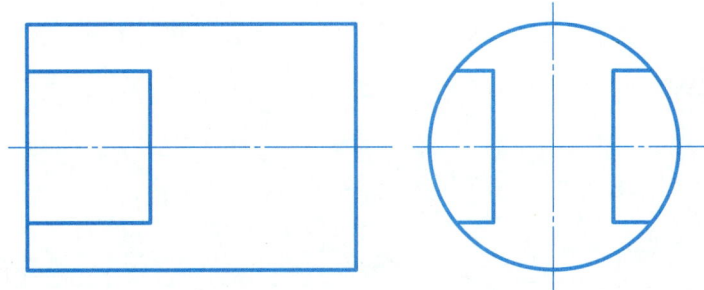

2.
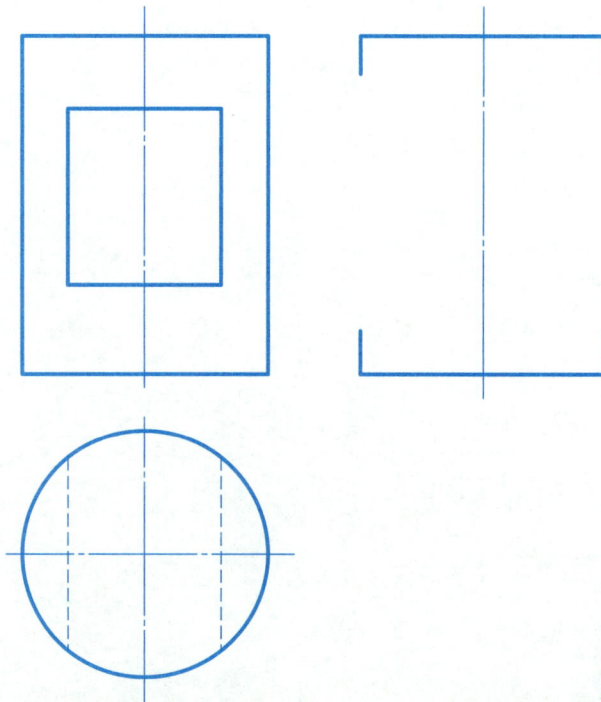

3.
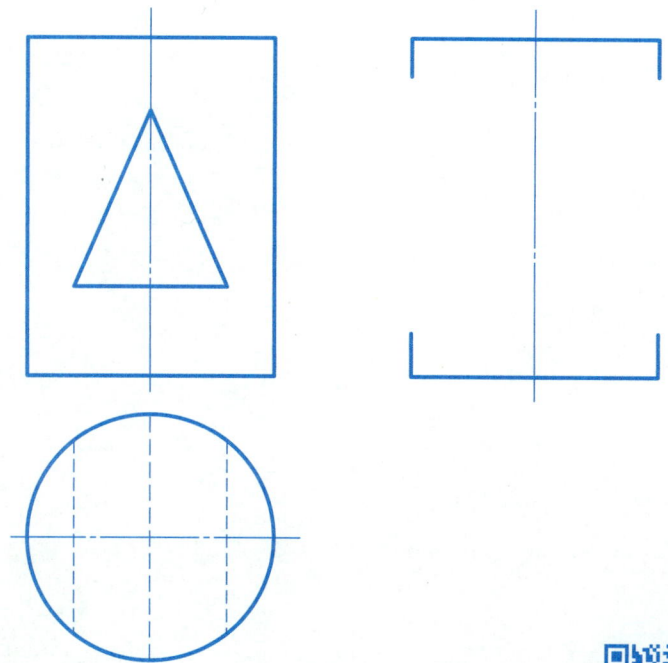

4.
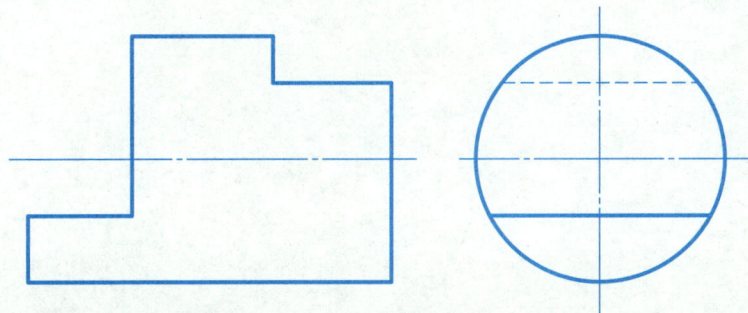

5.
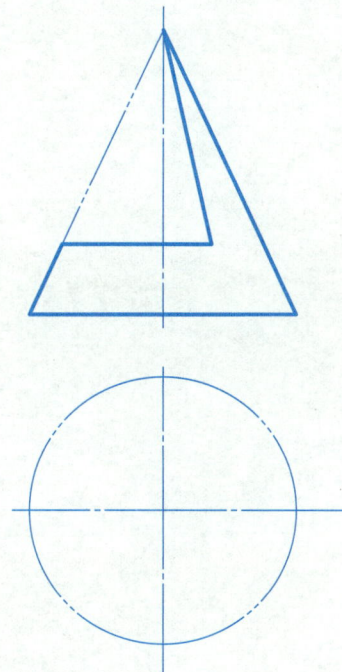

6.
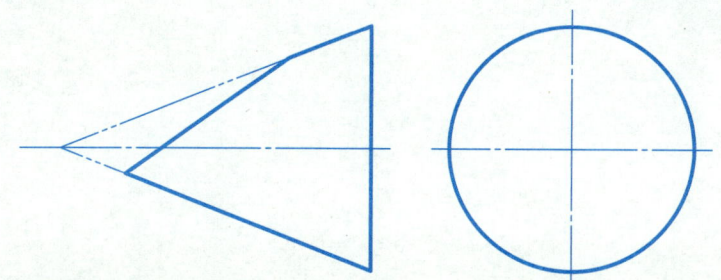

1.

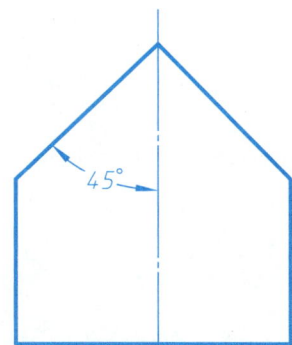

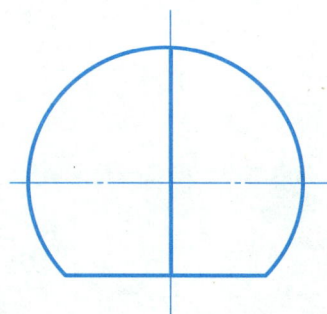

2.

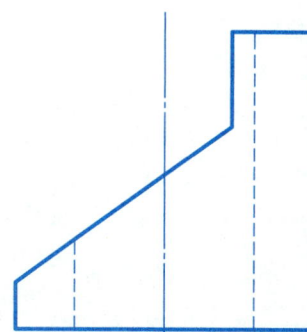

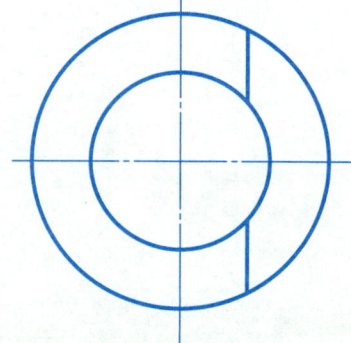

3.

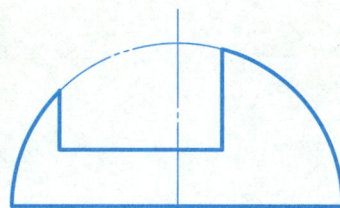

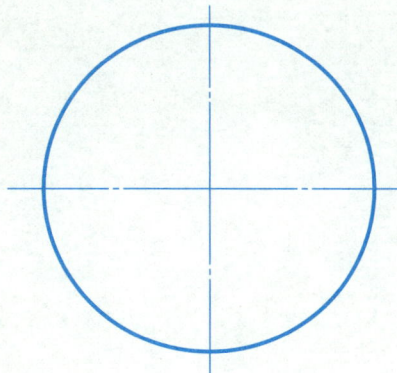

4.

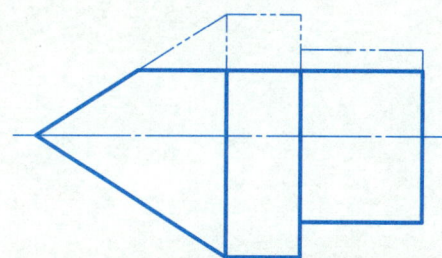

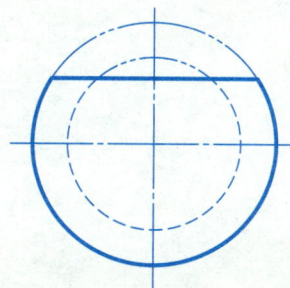

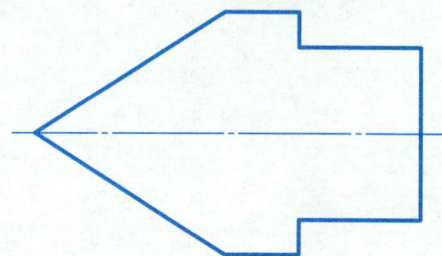

1. 求圆柱体表面穿孔后相贯线的正面投影。

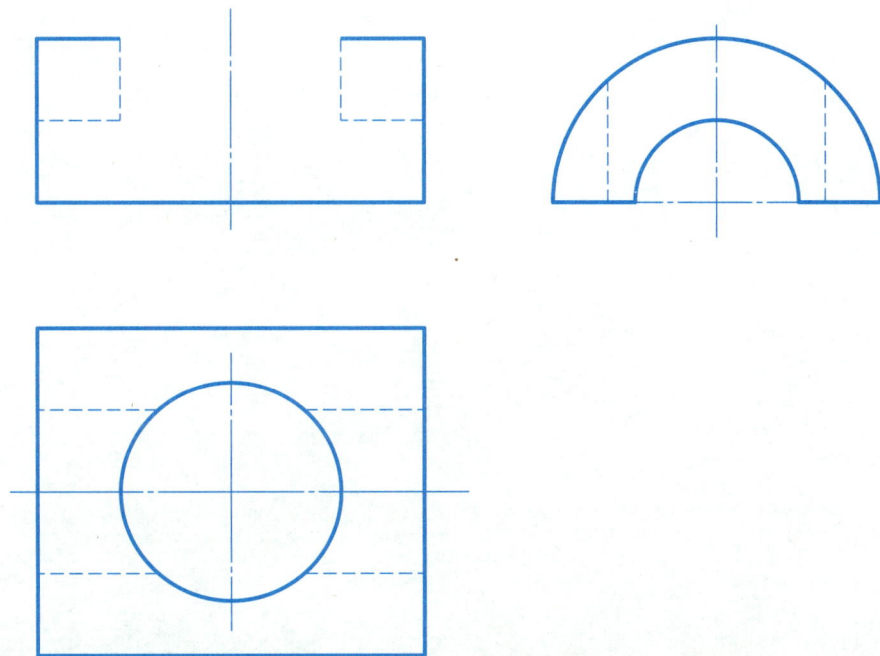

2. 求圆柱体表面穿孔后相贯线的正面投影。

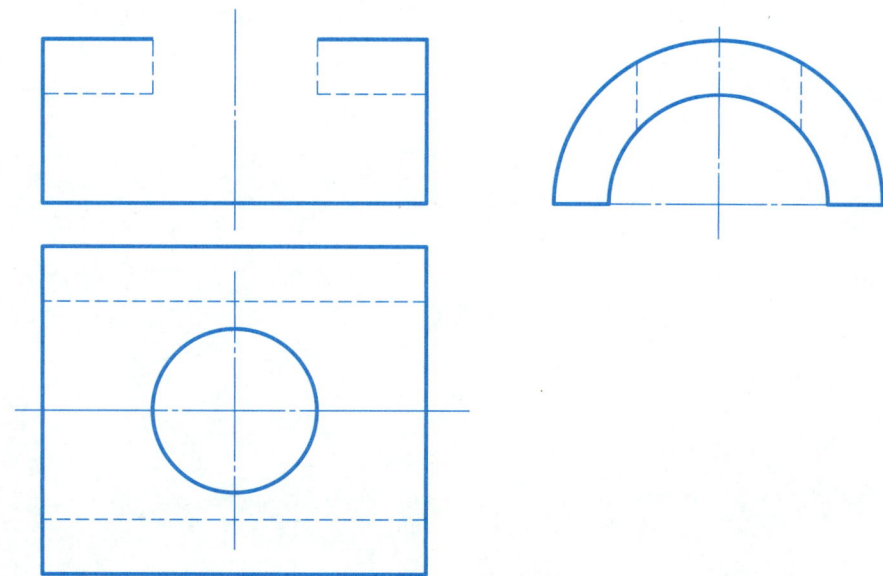

3. 完成两圆柱体表面相贯线的正面投影。

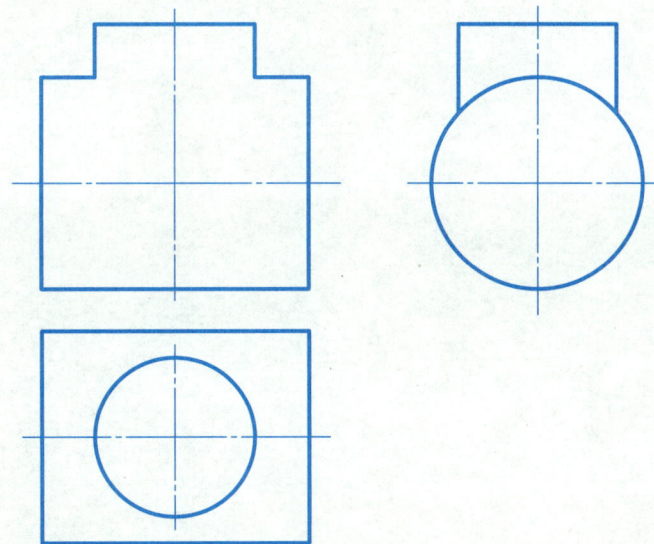

4. 完成两立体表面相贯线的正面投影。

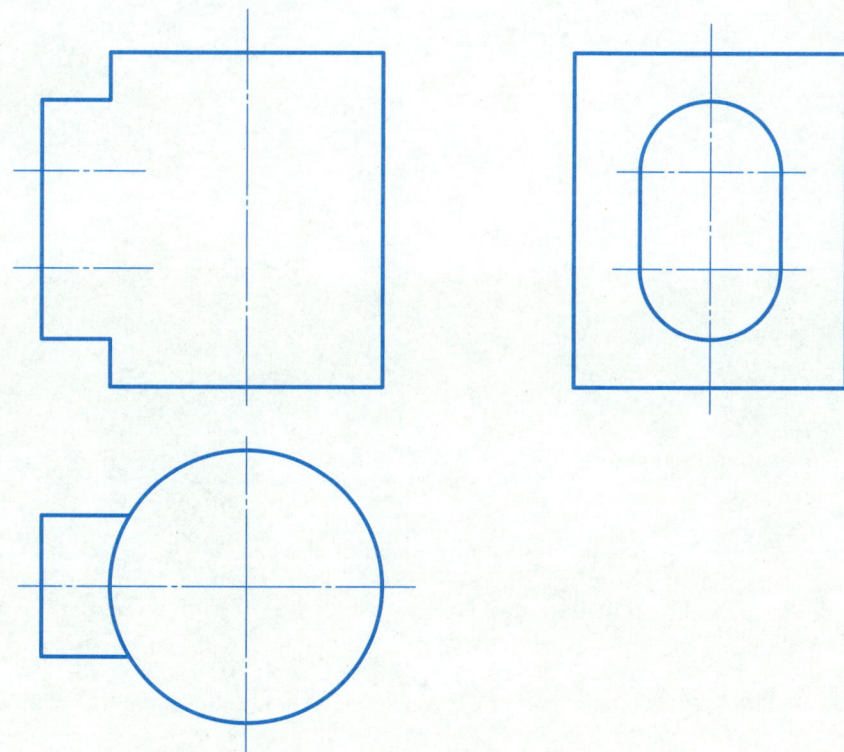

1. 作出主、左视图中的相贯线投影。

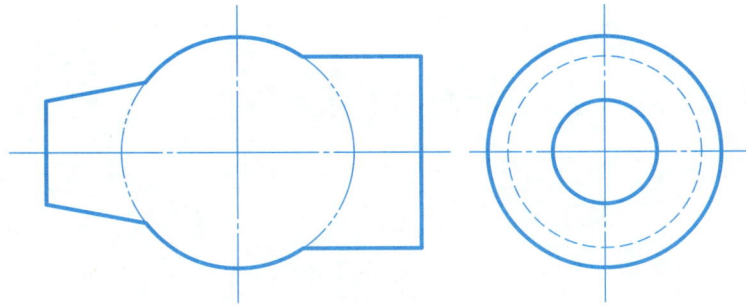

2. 完成有一公切球面的两斜交圆柱的相贯线投影。

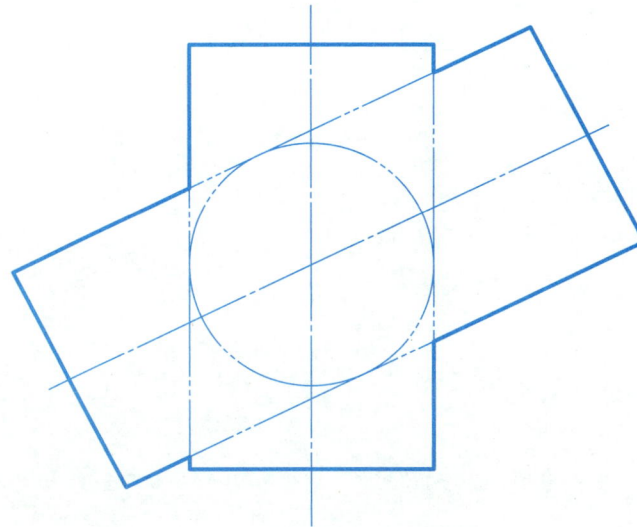

3. 补全圆球被穿孔后的三视图中所缺漏的图线。

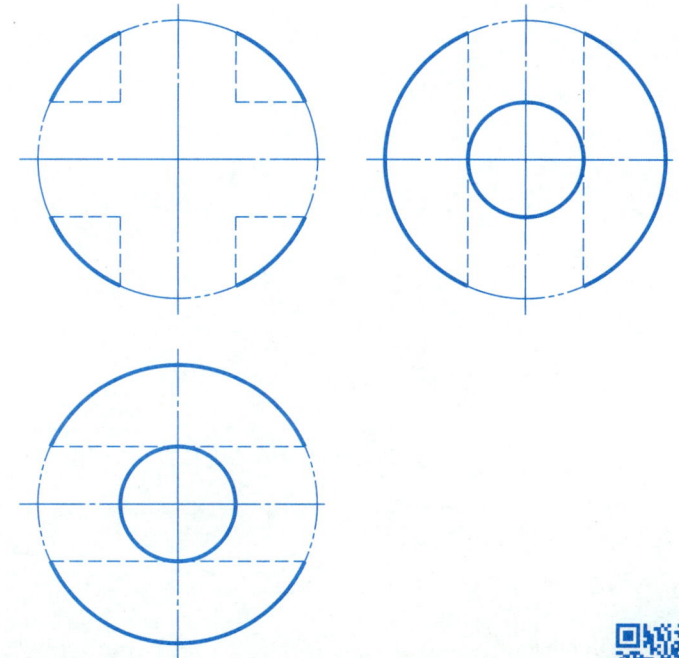

4. 补画主视图中的圆柱表面相贯线。

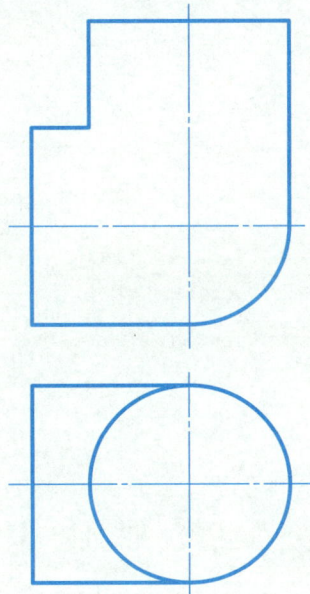

5. 补画左视图。

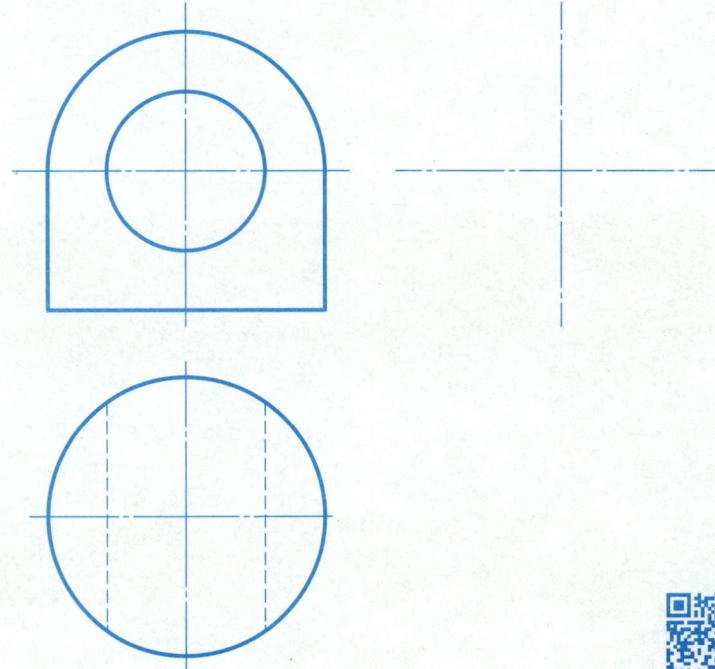

6. 补画左视图。

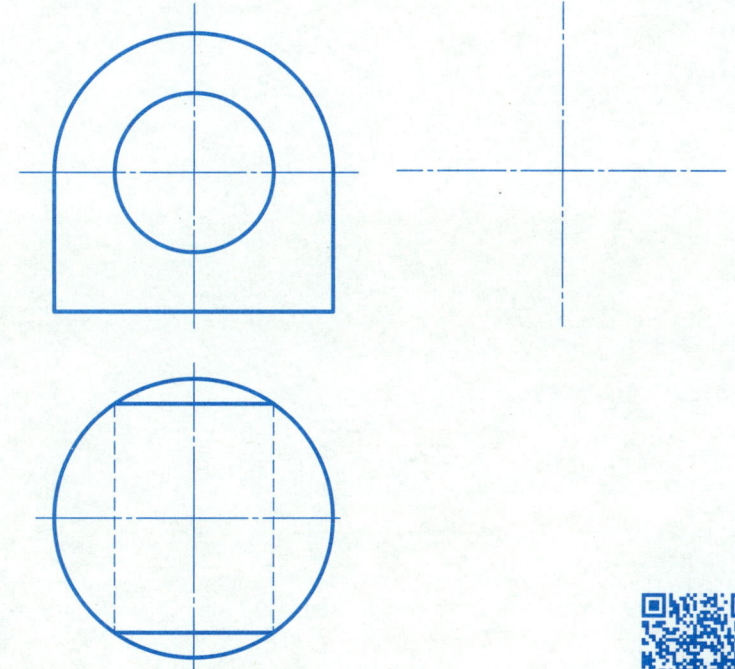

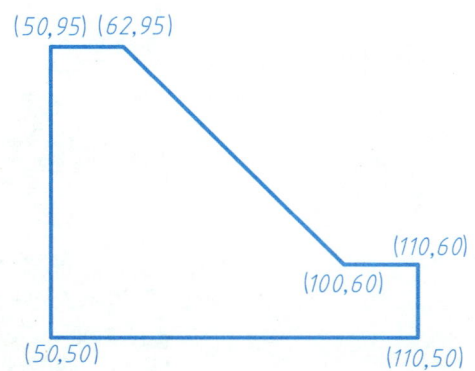

(50,95) (62,95)

(110,60)

(100,60)

(50,50)

(110,50)

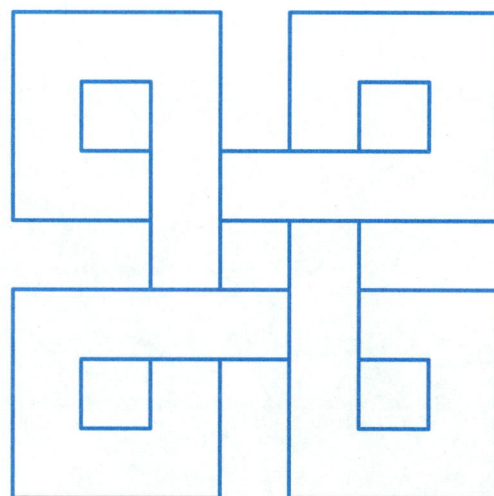

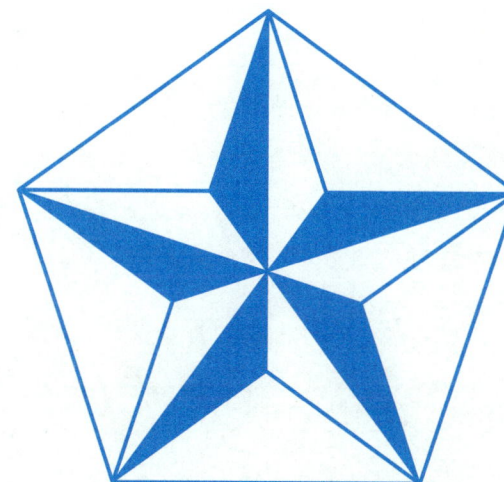

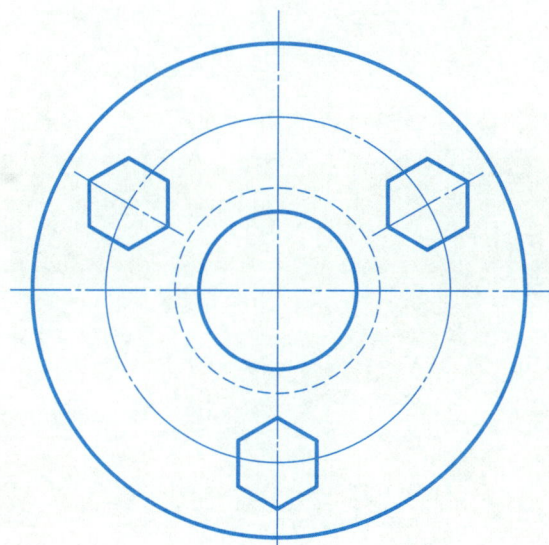

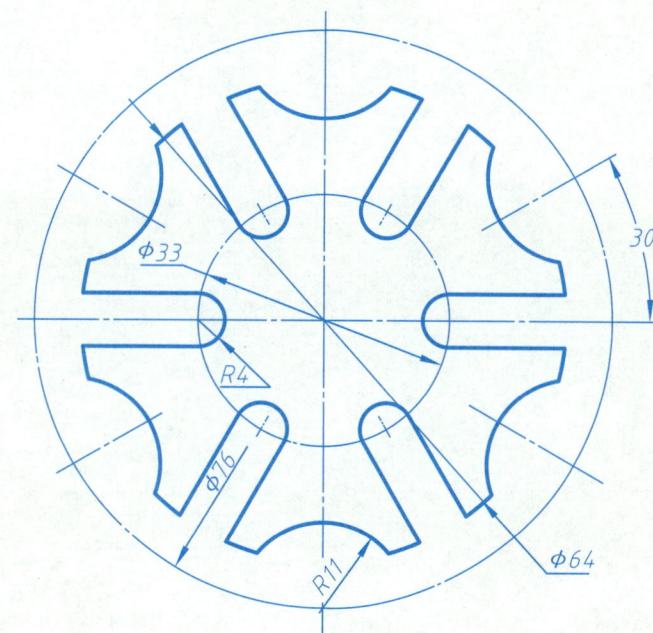

φ33

R4

φ16

30°

R11

φ64

习题 6　轴测投影图	班级：	学号：	姓名：	16

1. 根据所给视图绘制正等轴测图。

（1）

（2）

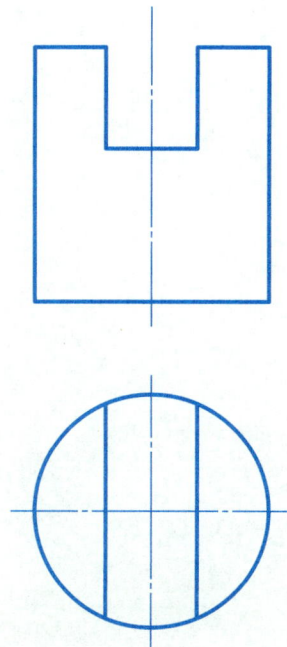

2. 根据所给视图绘制斜二轴测图。

（1）

（2）

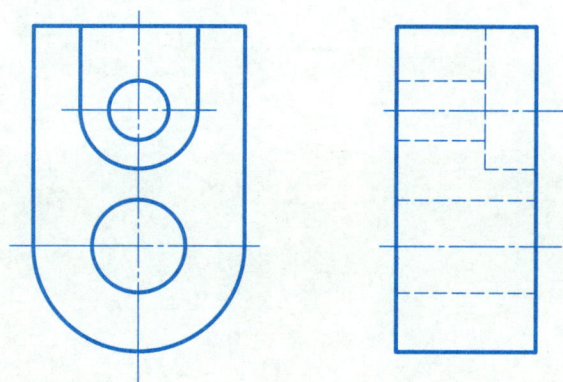

第 7 章　组合体

习题 7-1　对号入座：在每组图右下角的方框中填入下页中相应轴测图的编号	班级：	学号：	姓名：	17

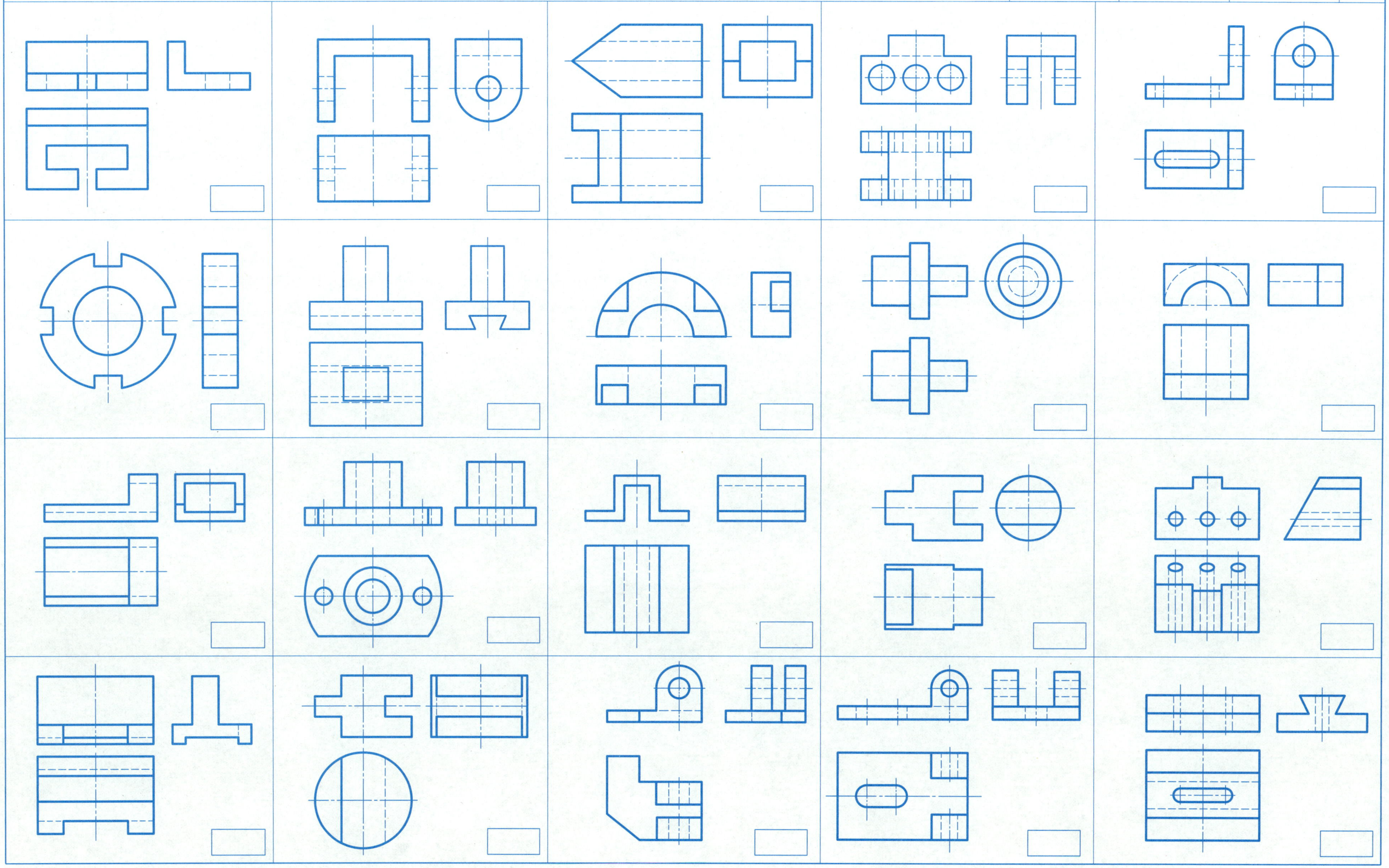

（1）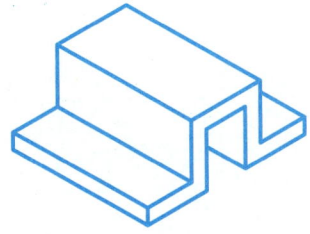

（2）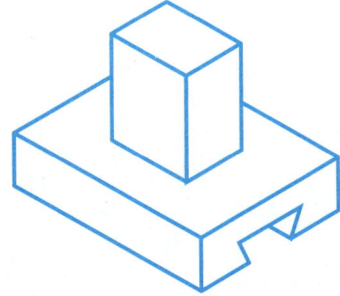

（3）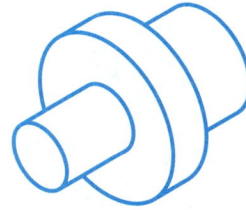

（4）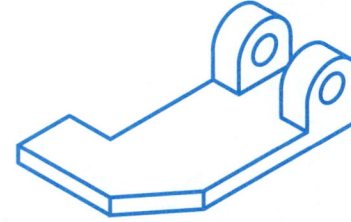

（5）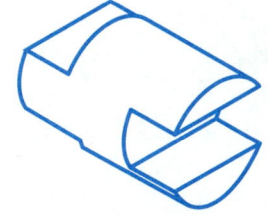

（6）

（7）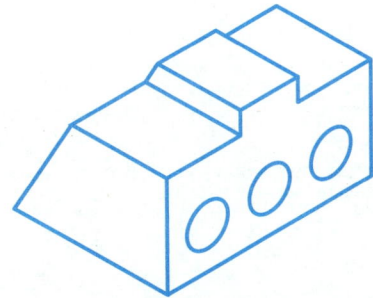

（8）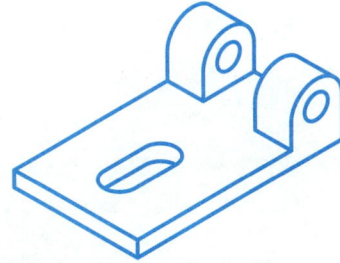

（9）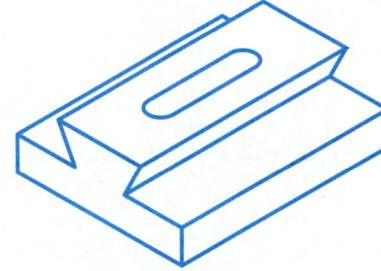

（10）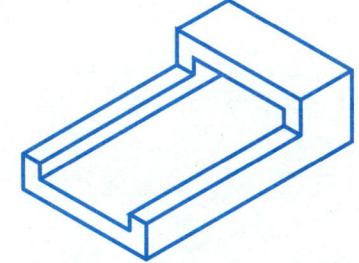

（11）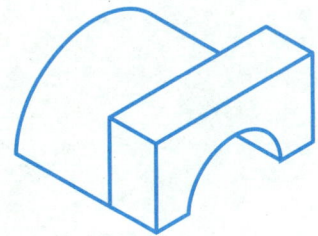

（12）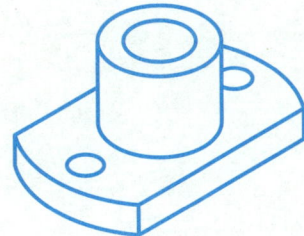

（13）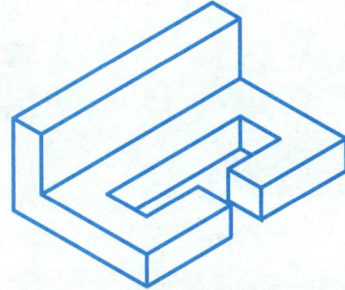

（14）

（15）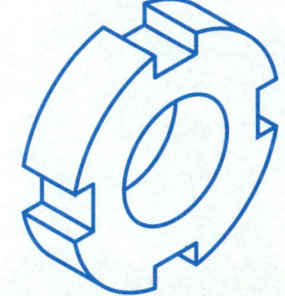

（16）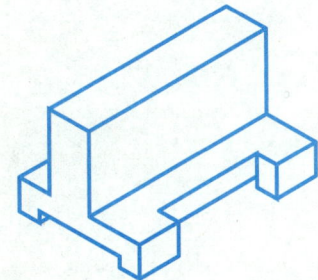

（17）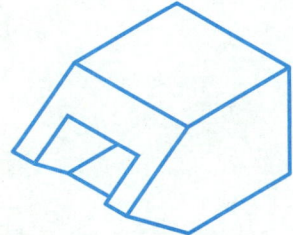

（18）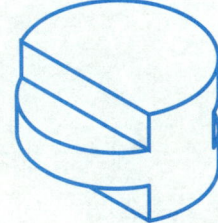

（19）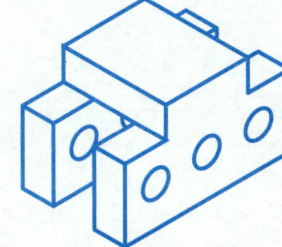

（20）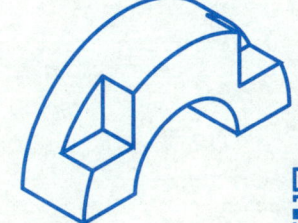

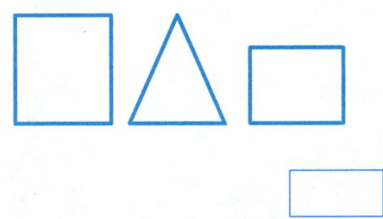

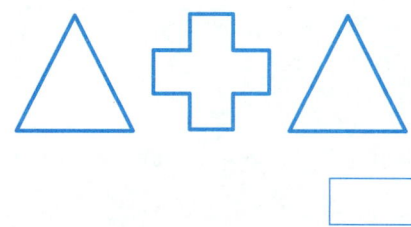

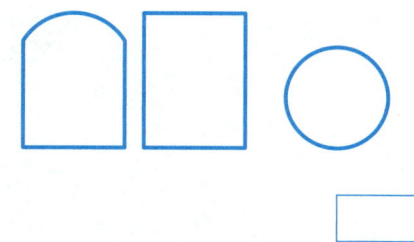

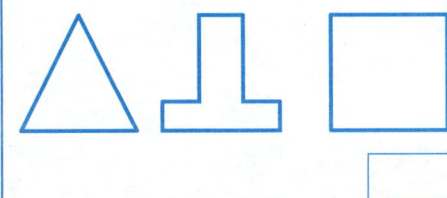

（1）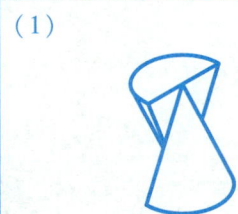　（2）　（3）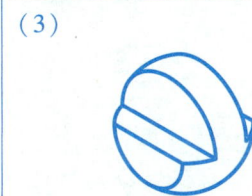　（4）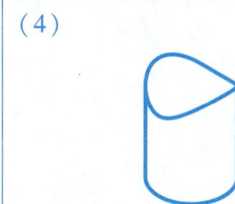

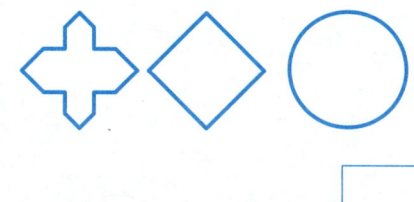

（5）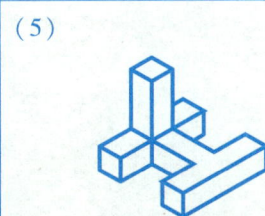　（6）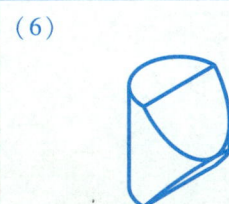　（7）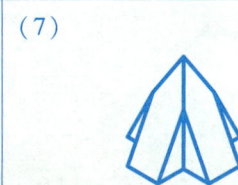　（8）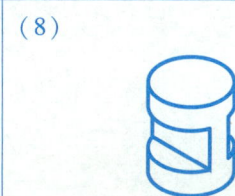

（9）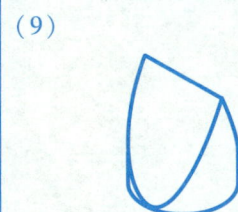　（10）　（11）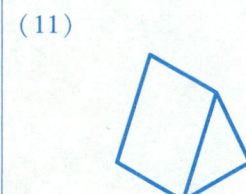　（12）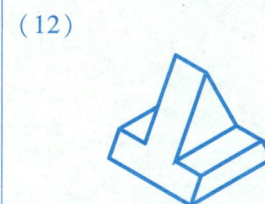

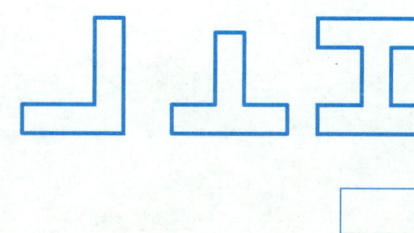

（13）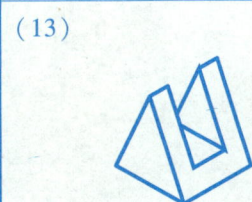　（14）　（15）　（16）

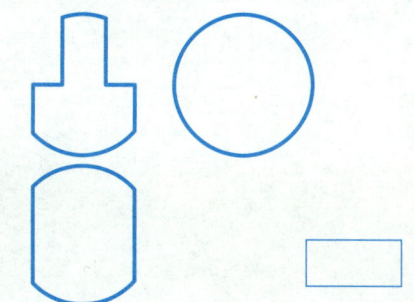

1.

2.

3.

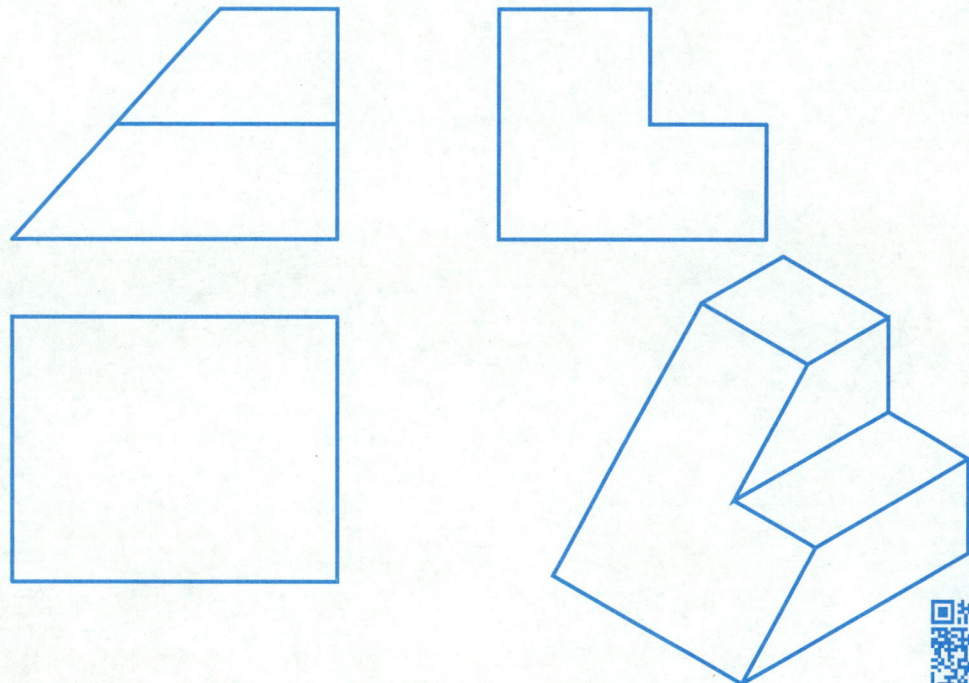

4.

1.

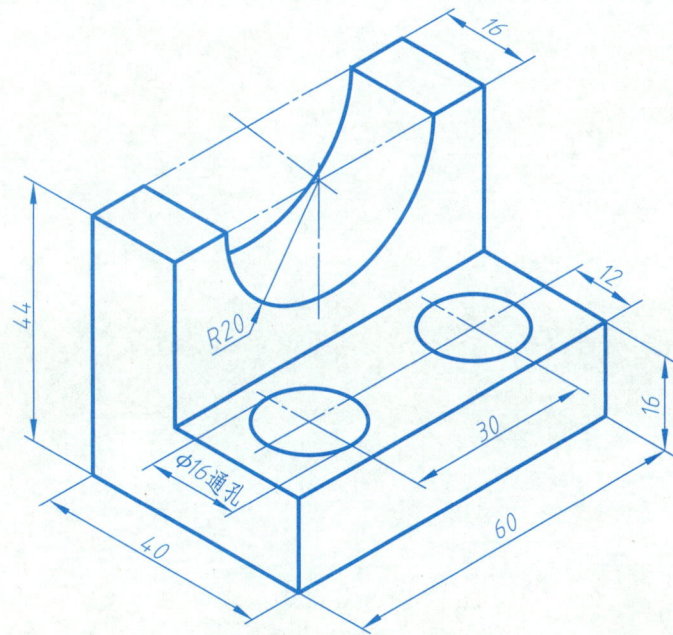

16

44

R20

12

30

16

φ16通孔

40

60

2.

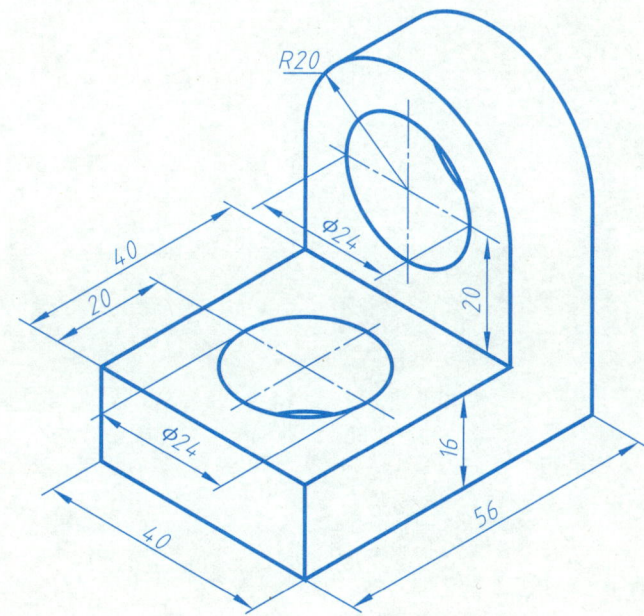

R20

φ24

40

20

20

φ24

16

40

56

1.

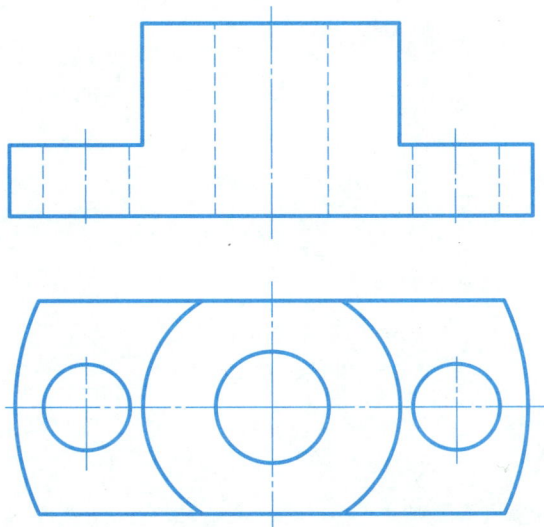

2.

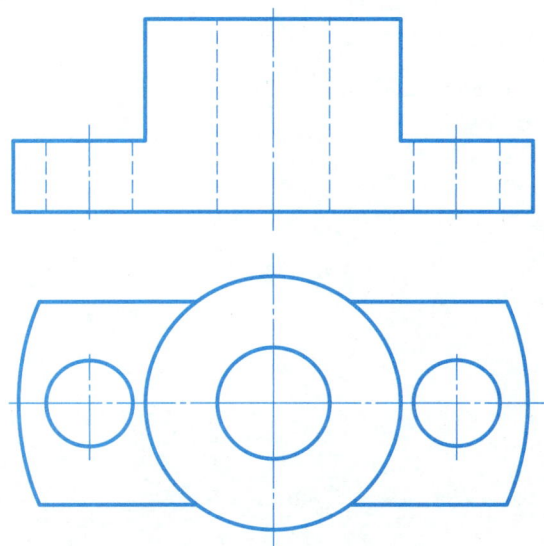

3.

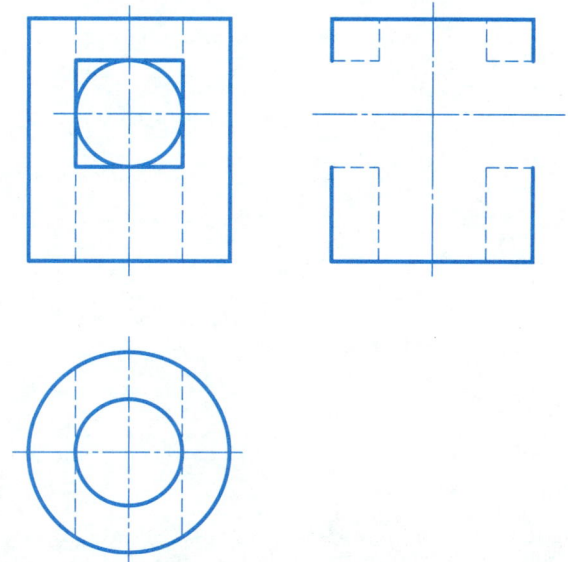

4.

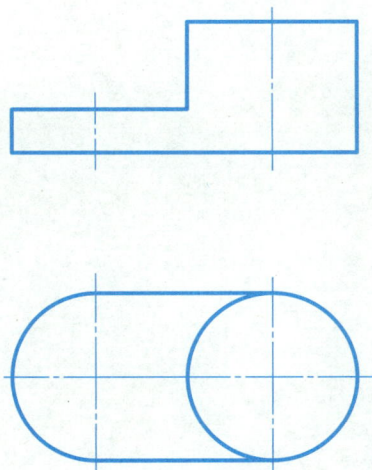

5.

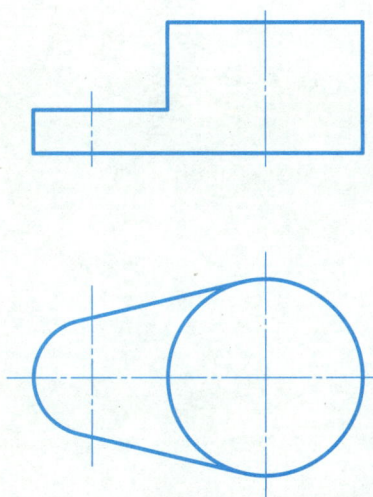

6.

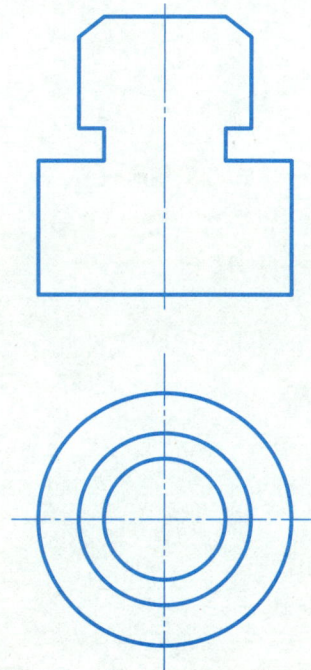

7.

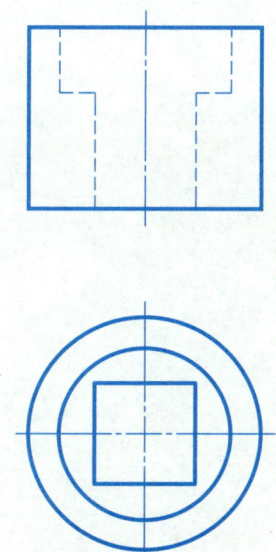

1.

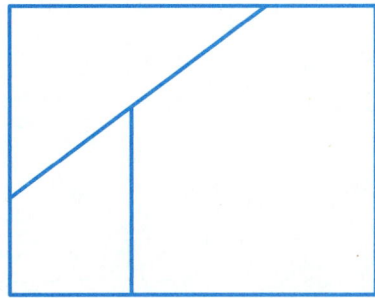 

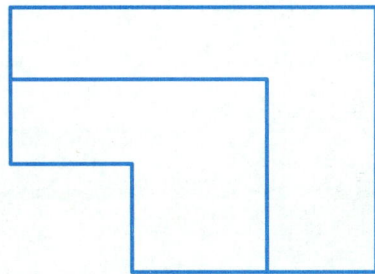

2.

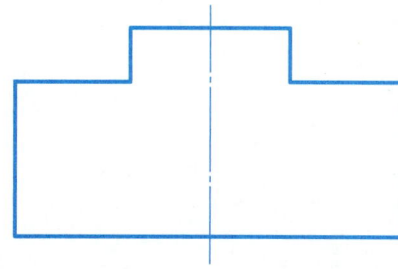 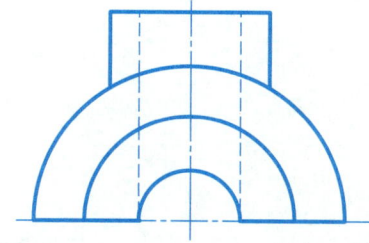

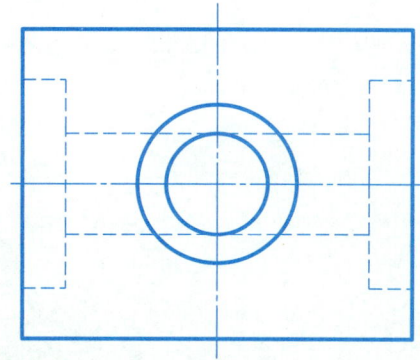

3.

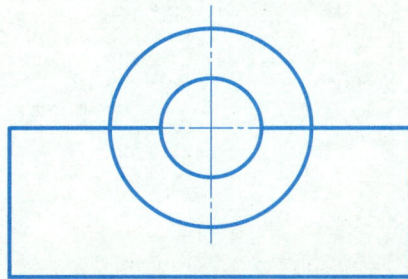 

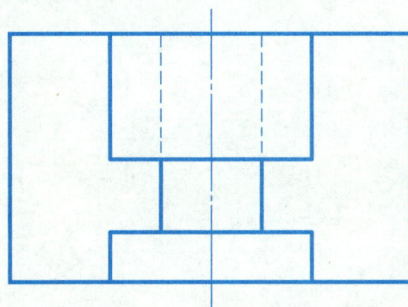

4.

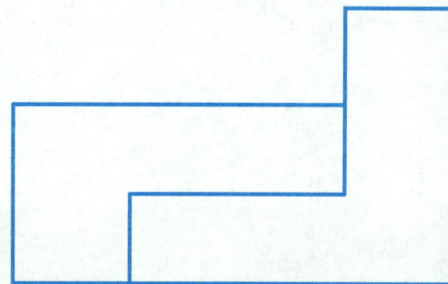 

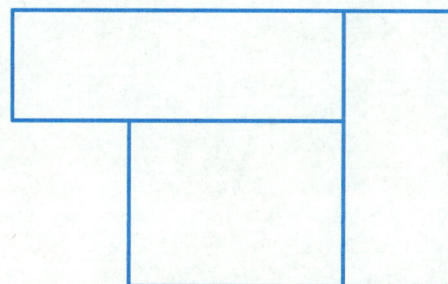

1.

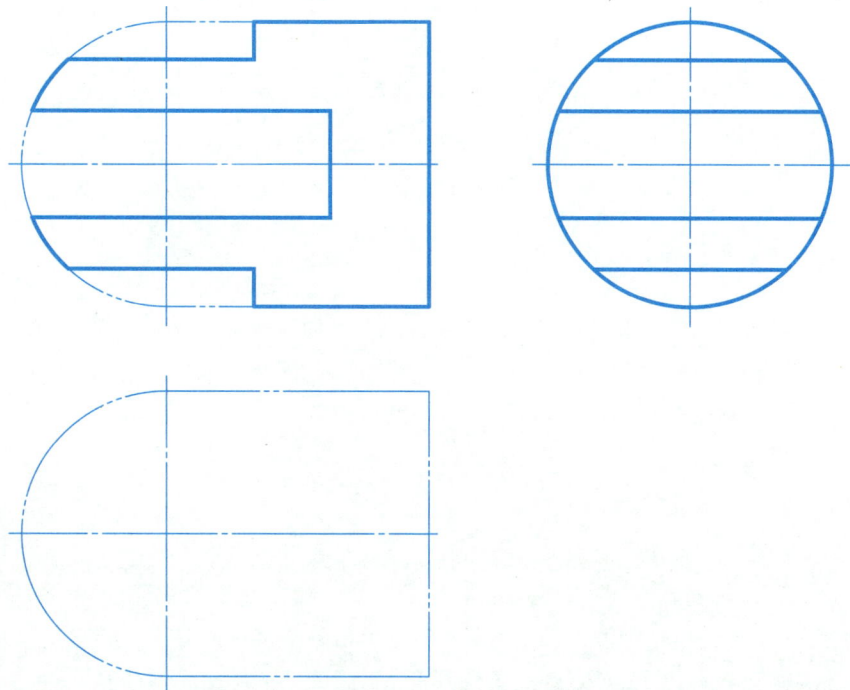 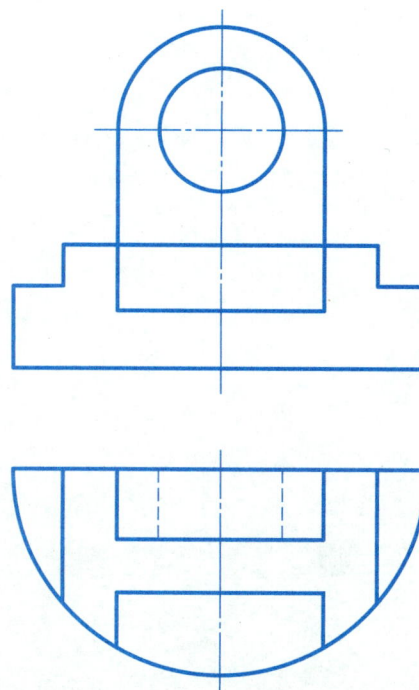

2.

3.

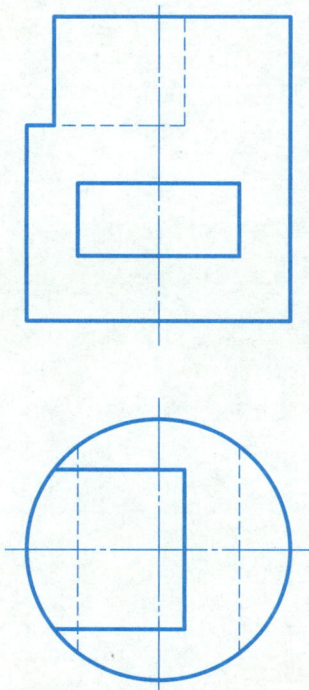

4.

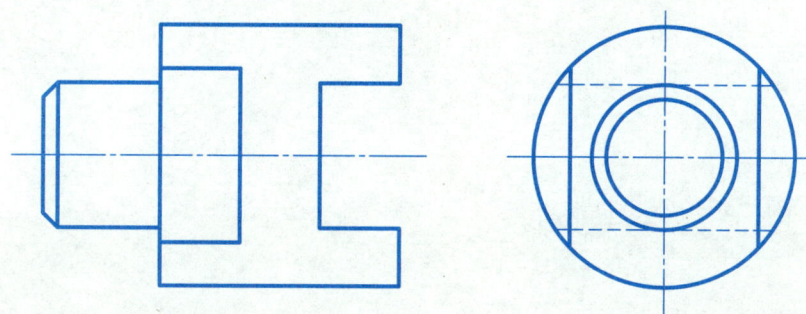

1.

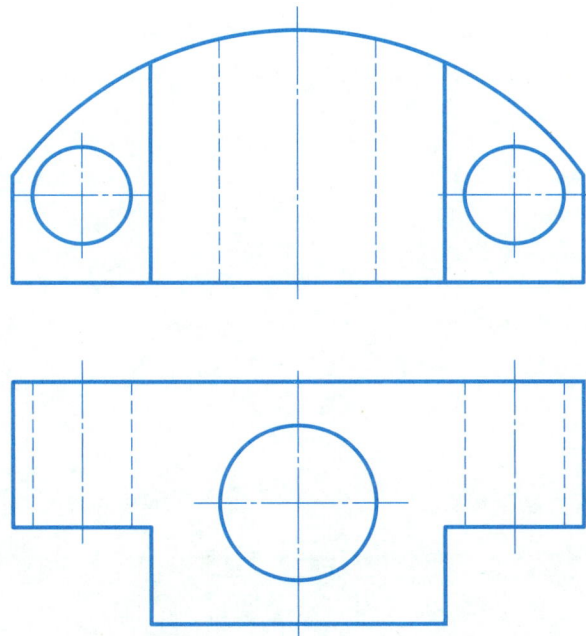

2.

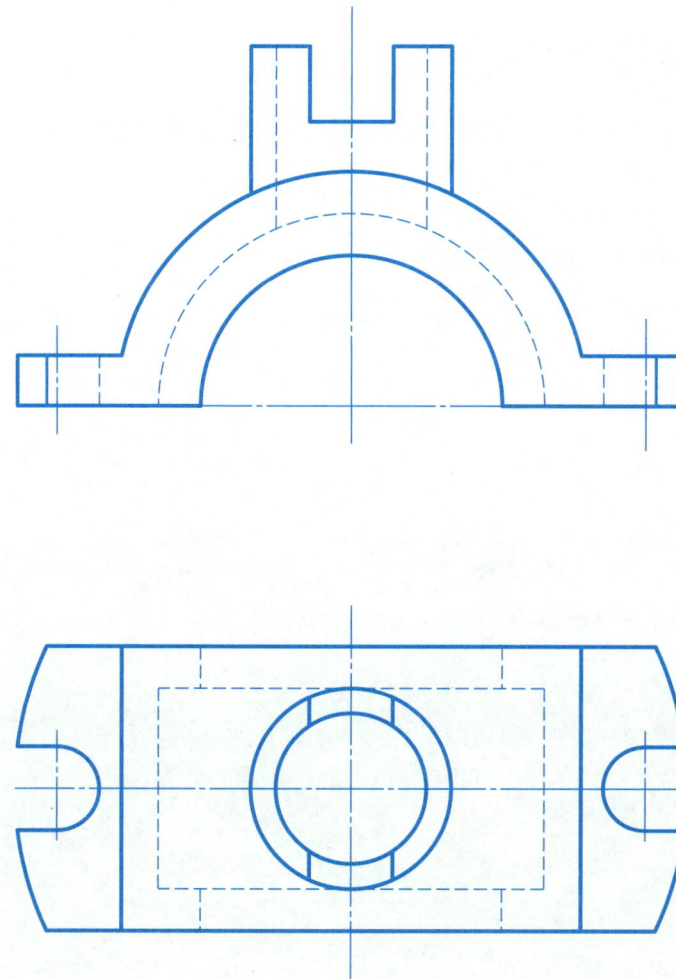

3.

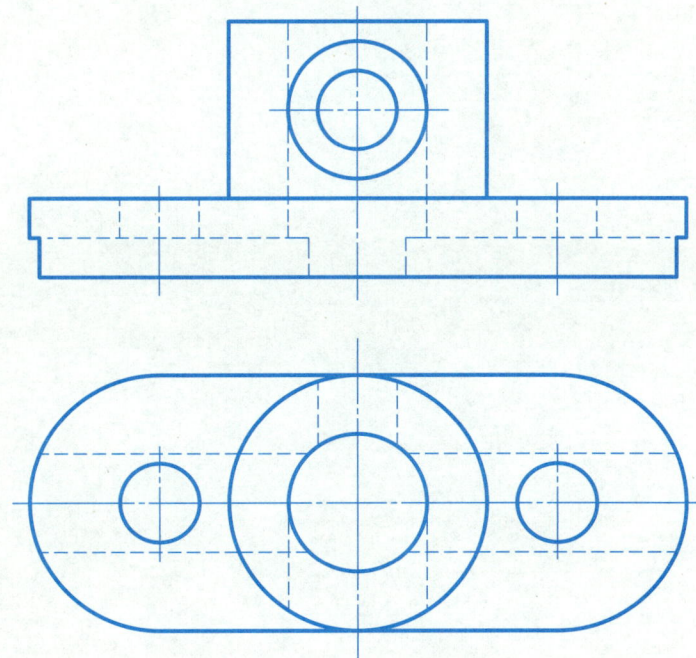

1.

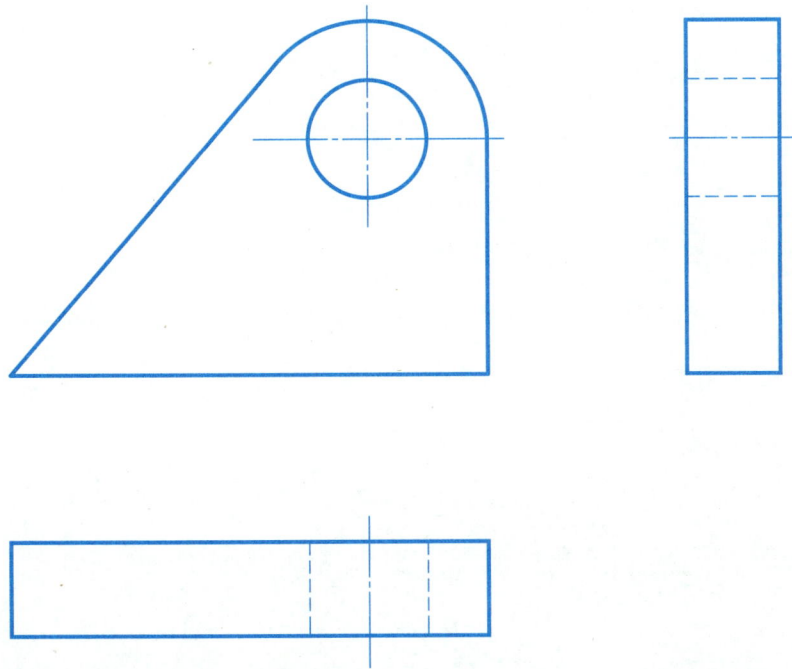

2.

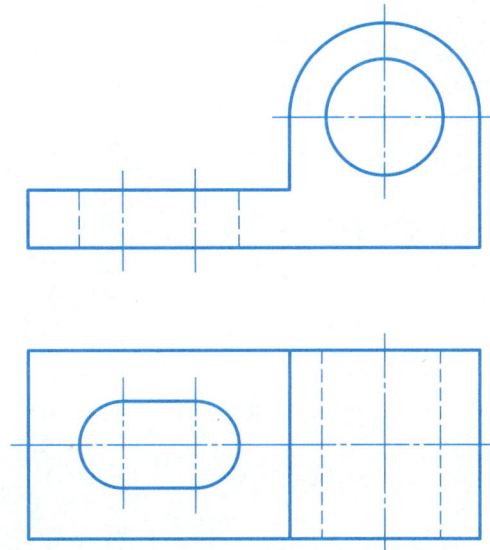

3.

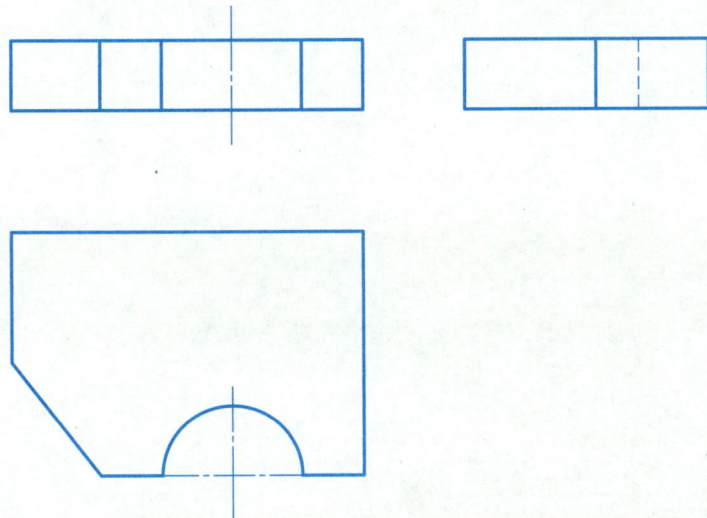

4.

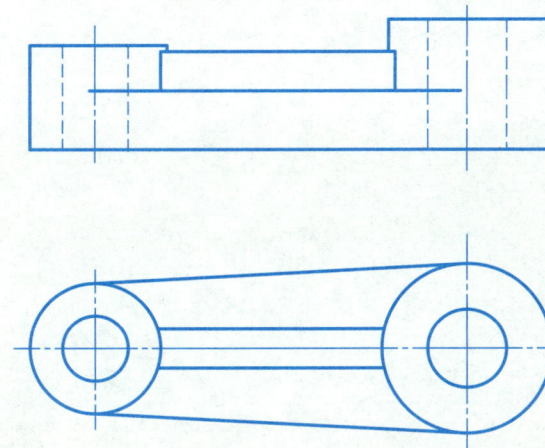

1. 在指定位置作右视图。

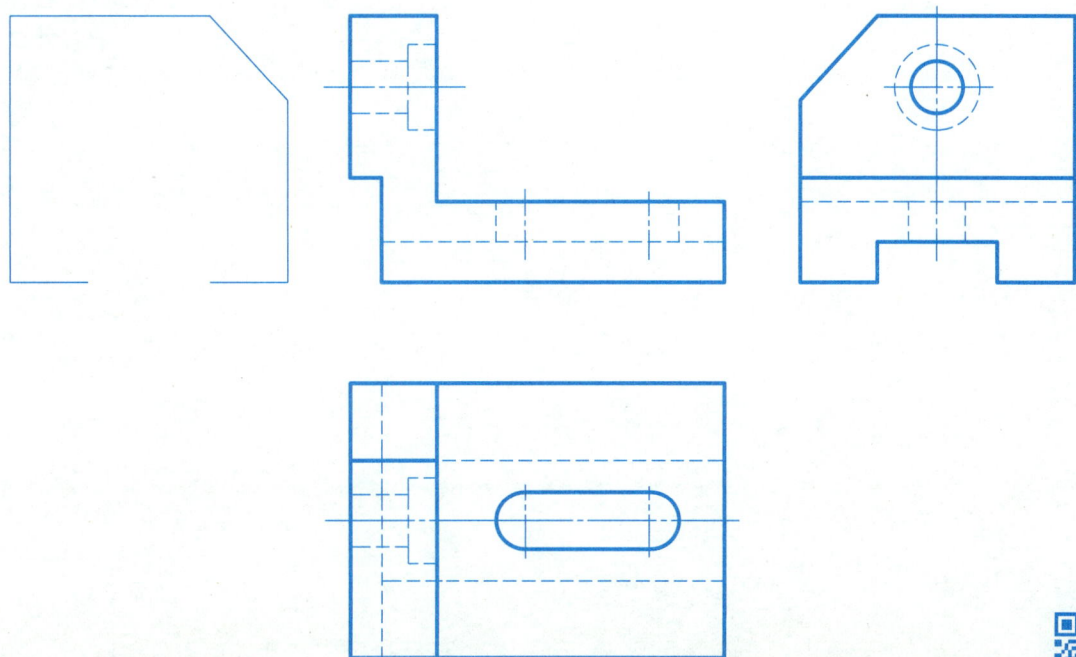

2. 在指定位置作 A 向斜视图。

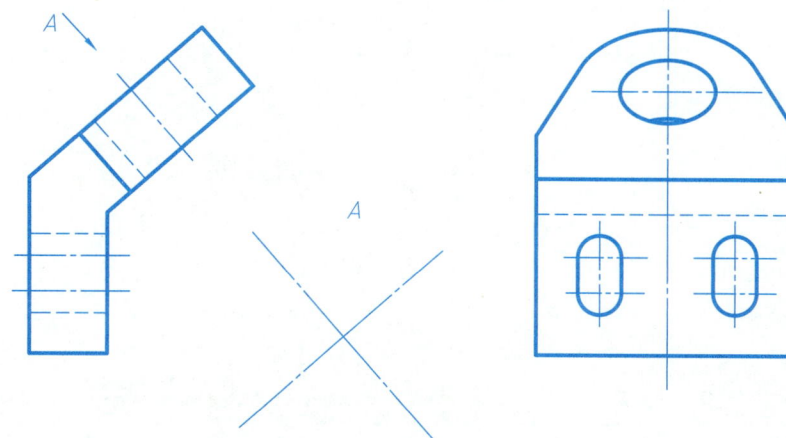

3. 在指定位置作 A 向视图。

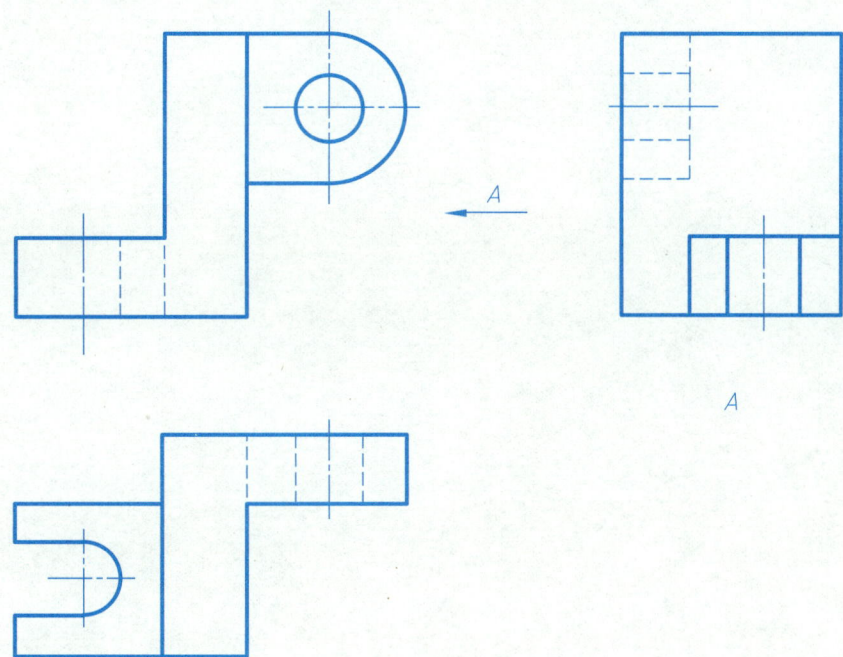

4. 在指定位置作 A 向局部视图。

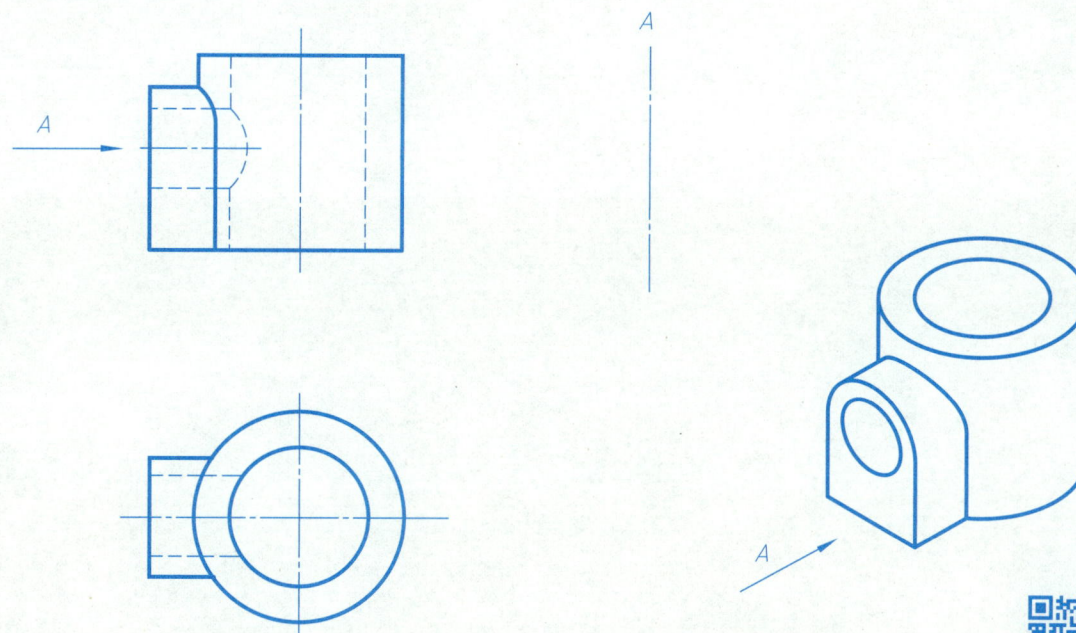

1.
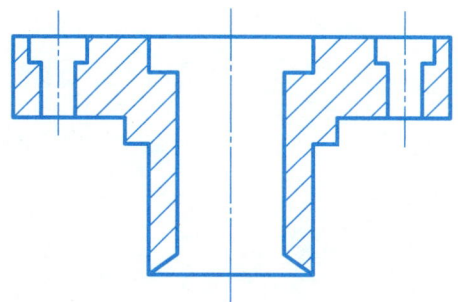
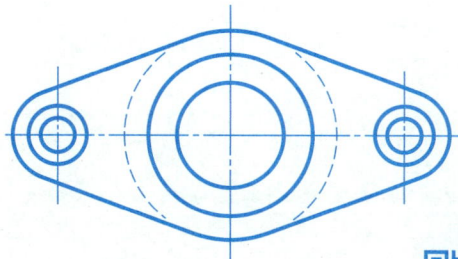

2.
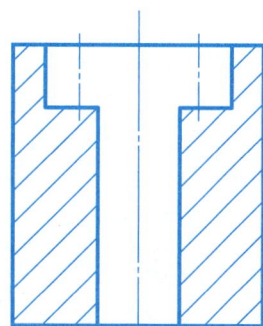
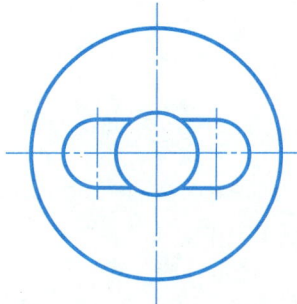

3.
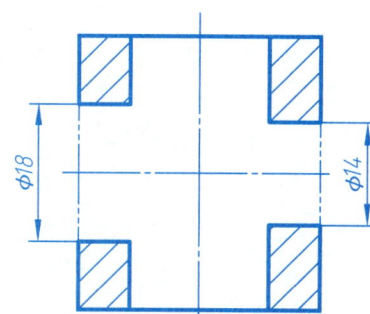
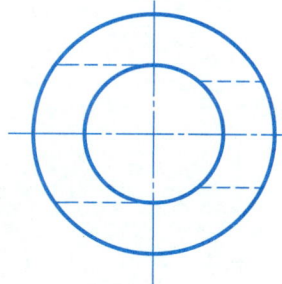

4.
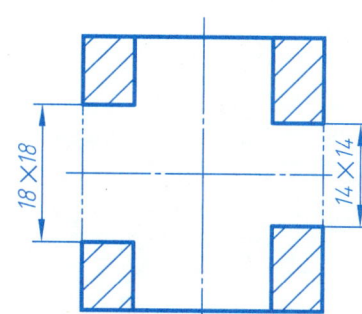
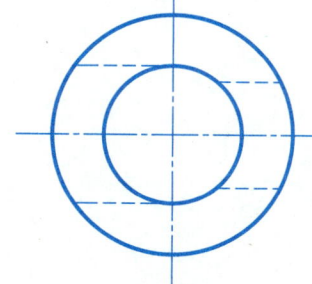

5.
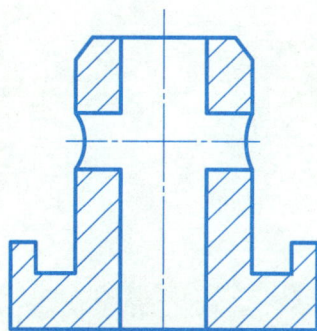
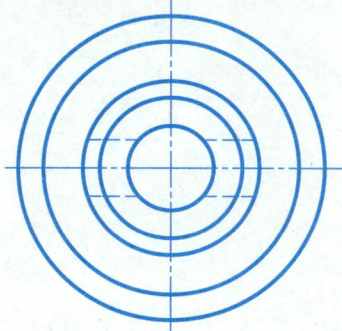

6.
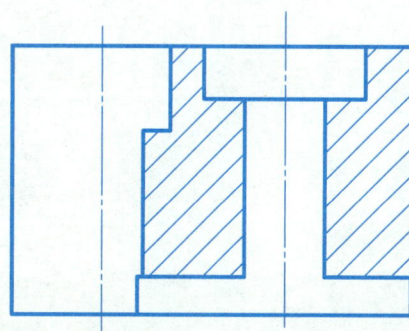
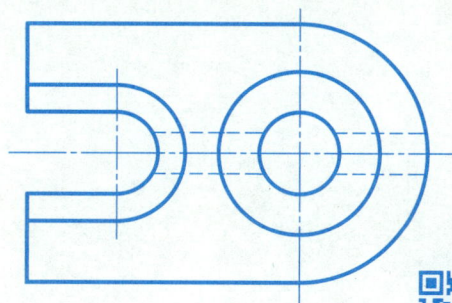

7.
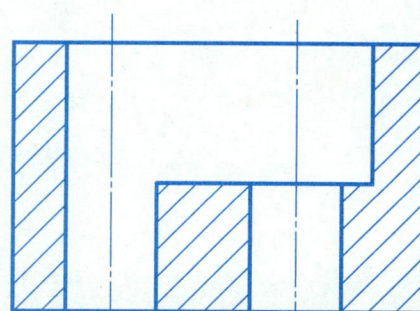
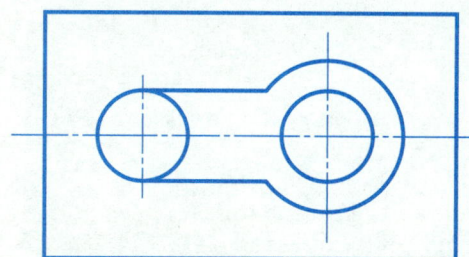

8.

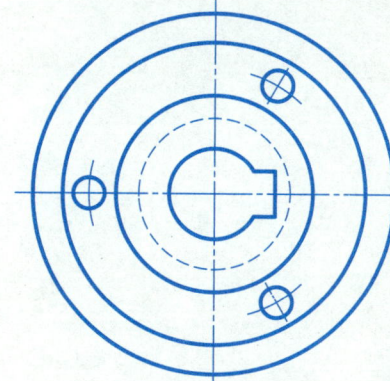

2. 在指定位置作出全剖的主视图。

4. 在指定位置作出全剖的主视图。

1. 在指定位置作出全剖的主视图。

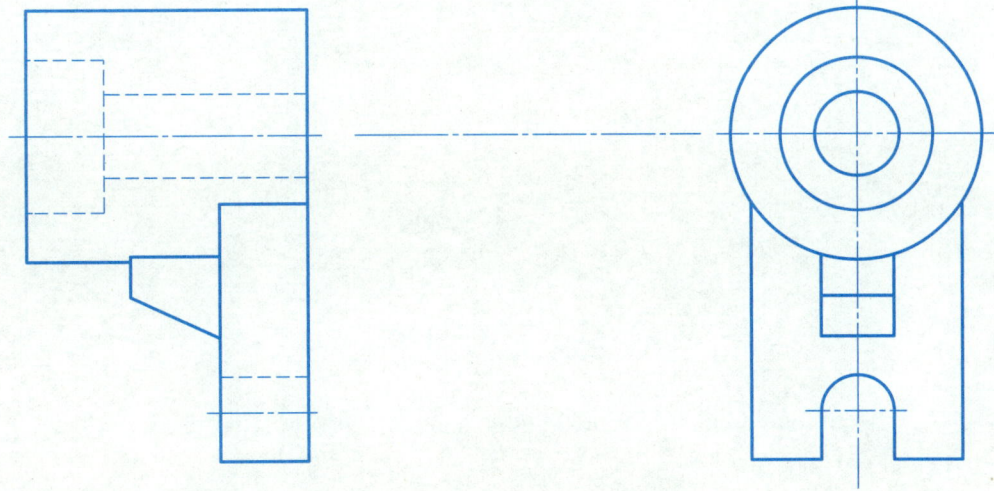

3. 在指定位置作出全剖的左视图。

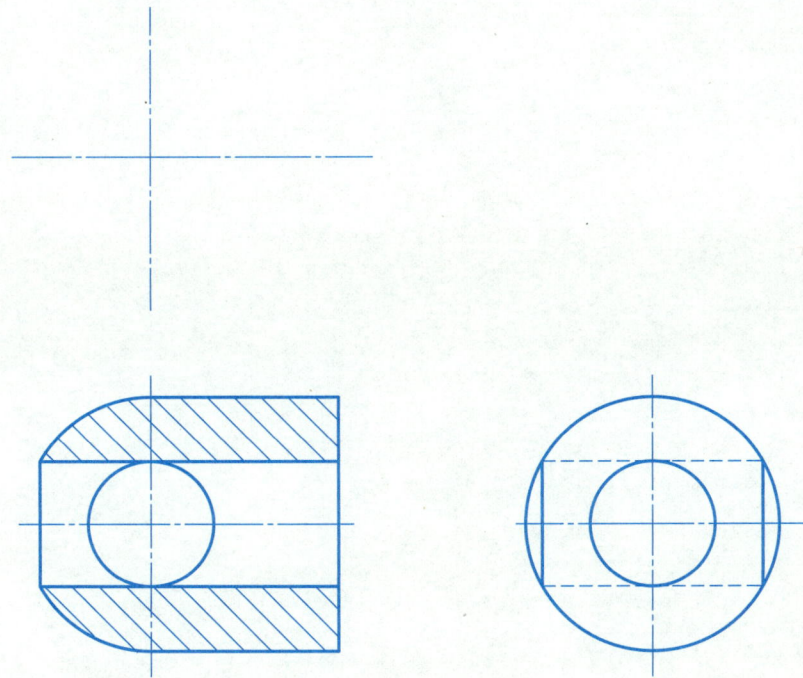

2. 在指定位置作出半剖的主、俯视图。

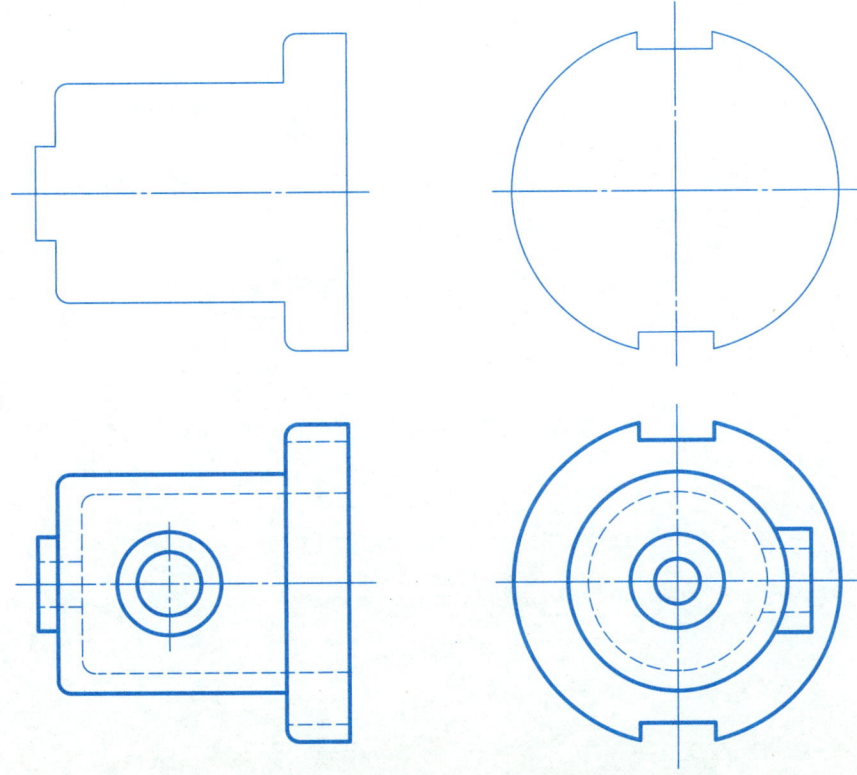

4. 在指定位置作出半剖的主视图。

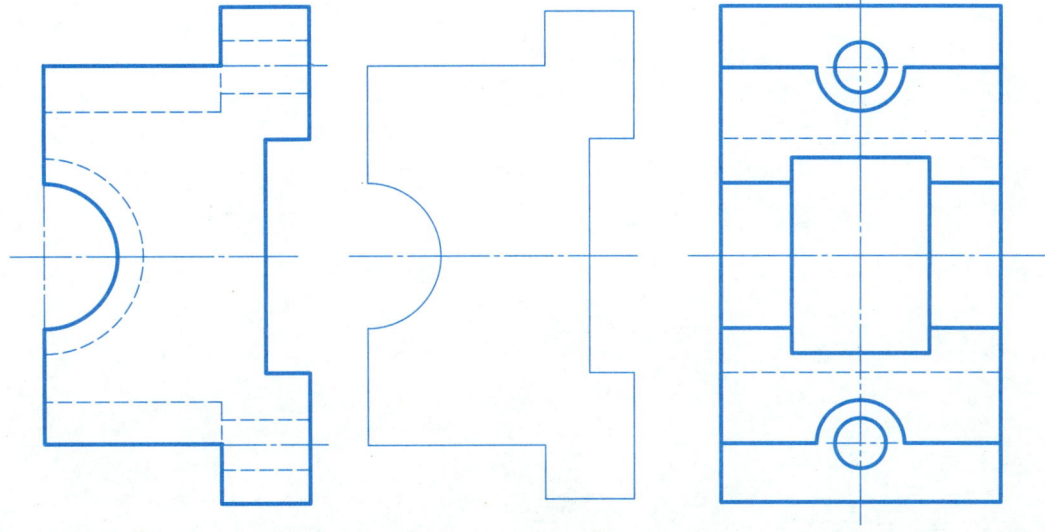

1. 在指定位置作出半剖的主视图。

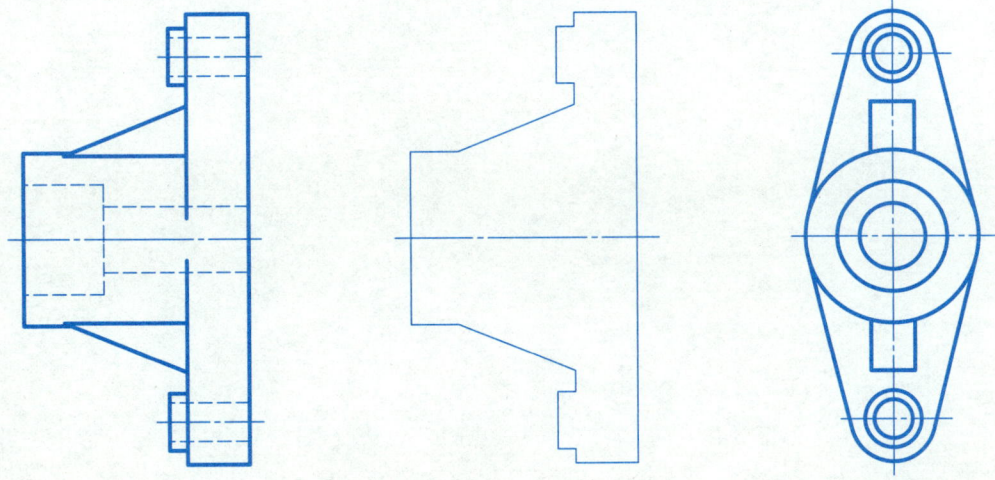

3. 在指定位置作出半剖的主视图。

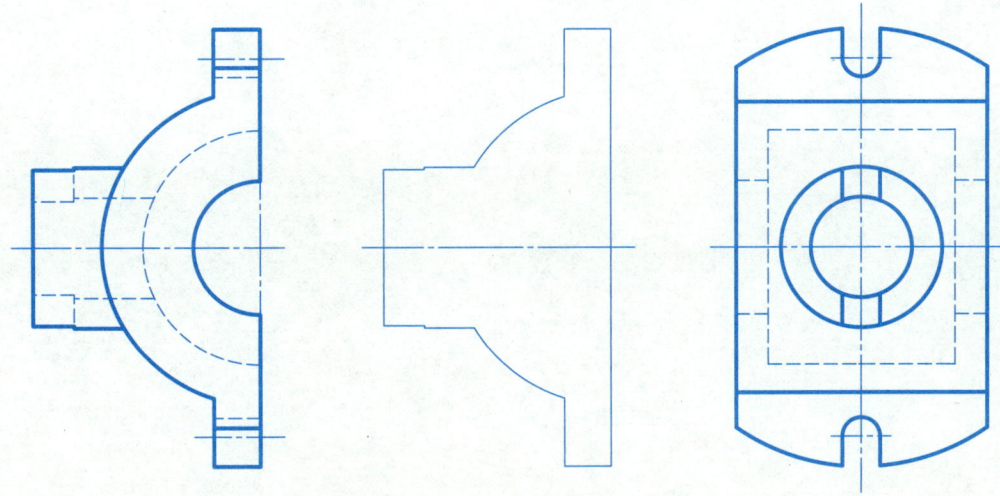

2. 改正局部剖视图中的错误（不要的线上打×）。

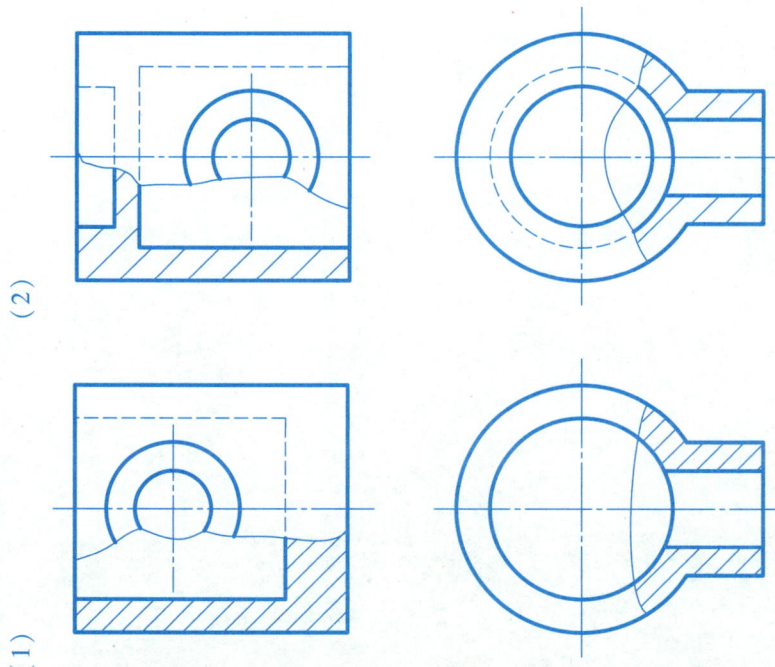

(1)

(2)

4. 在指定位置将主视图改画成用相交的剖切平面剖切得到的全剖视图。

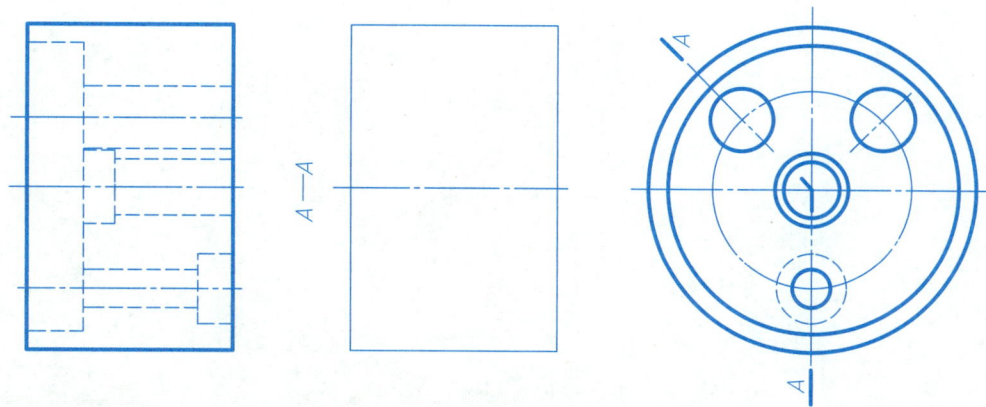

A—A

1. 在指定位置将主视图改画成局部剖视图。

3. 在指定位置将主视图改画成用平行的剖切平面剖切得到的全剖视图。

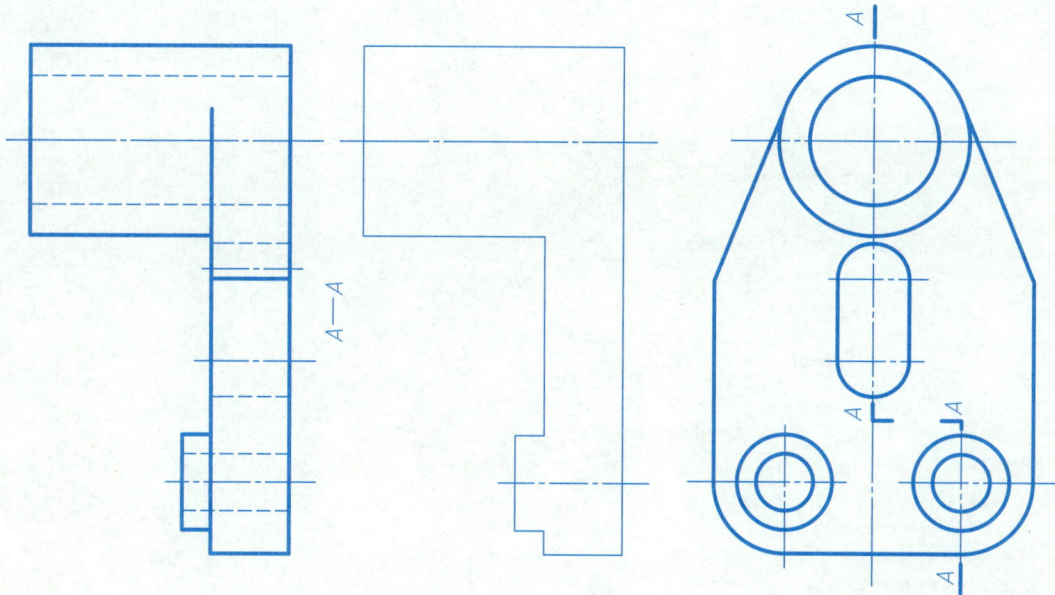

A—A

1. 在指定位置将主视图改画成半剖视图，并画出全剖的左视图。

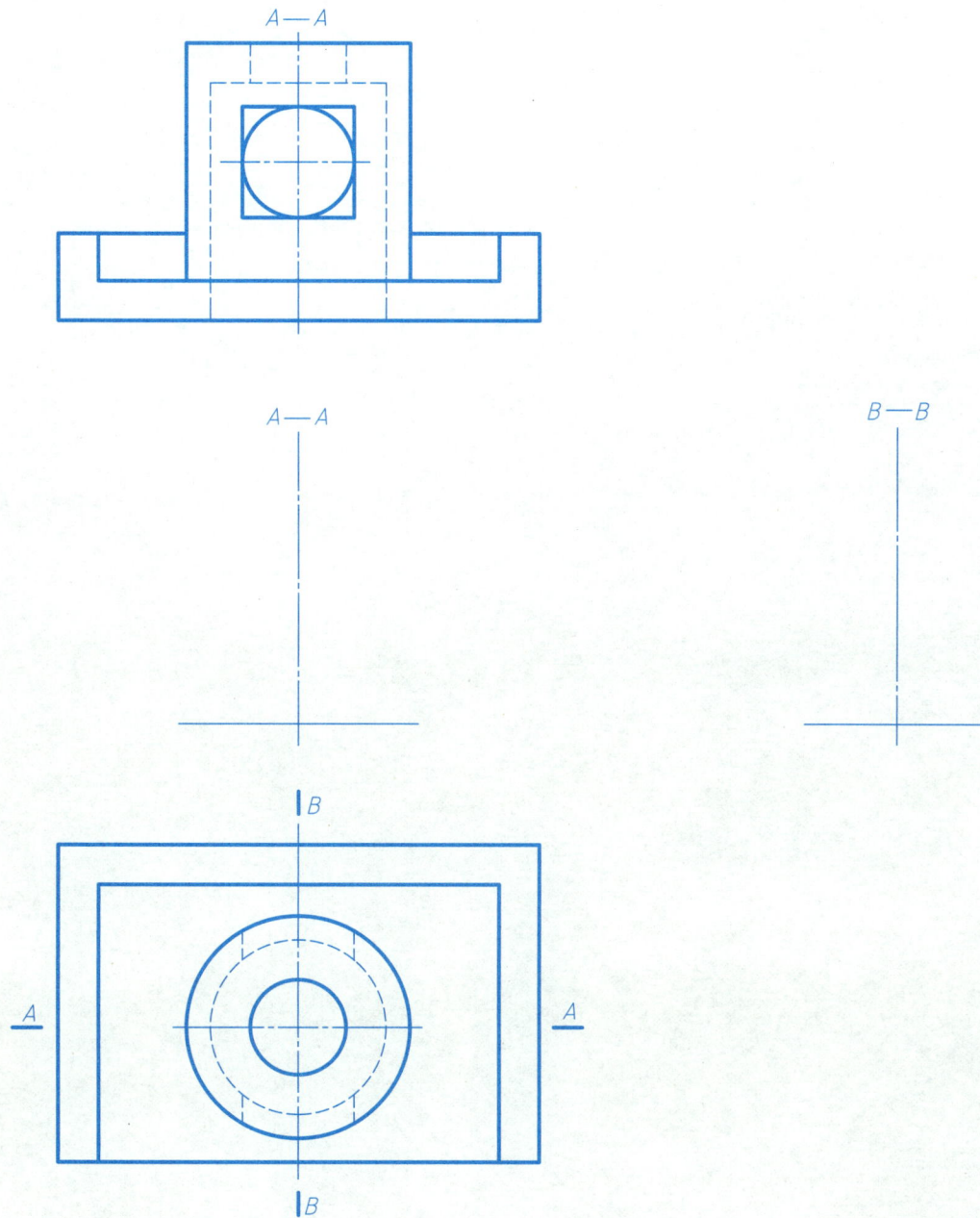

A—A

A—A

B—B

2. 在指定位置将主视图改画成全剖视图，并画出半剖的左视图。

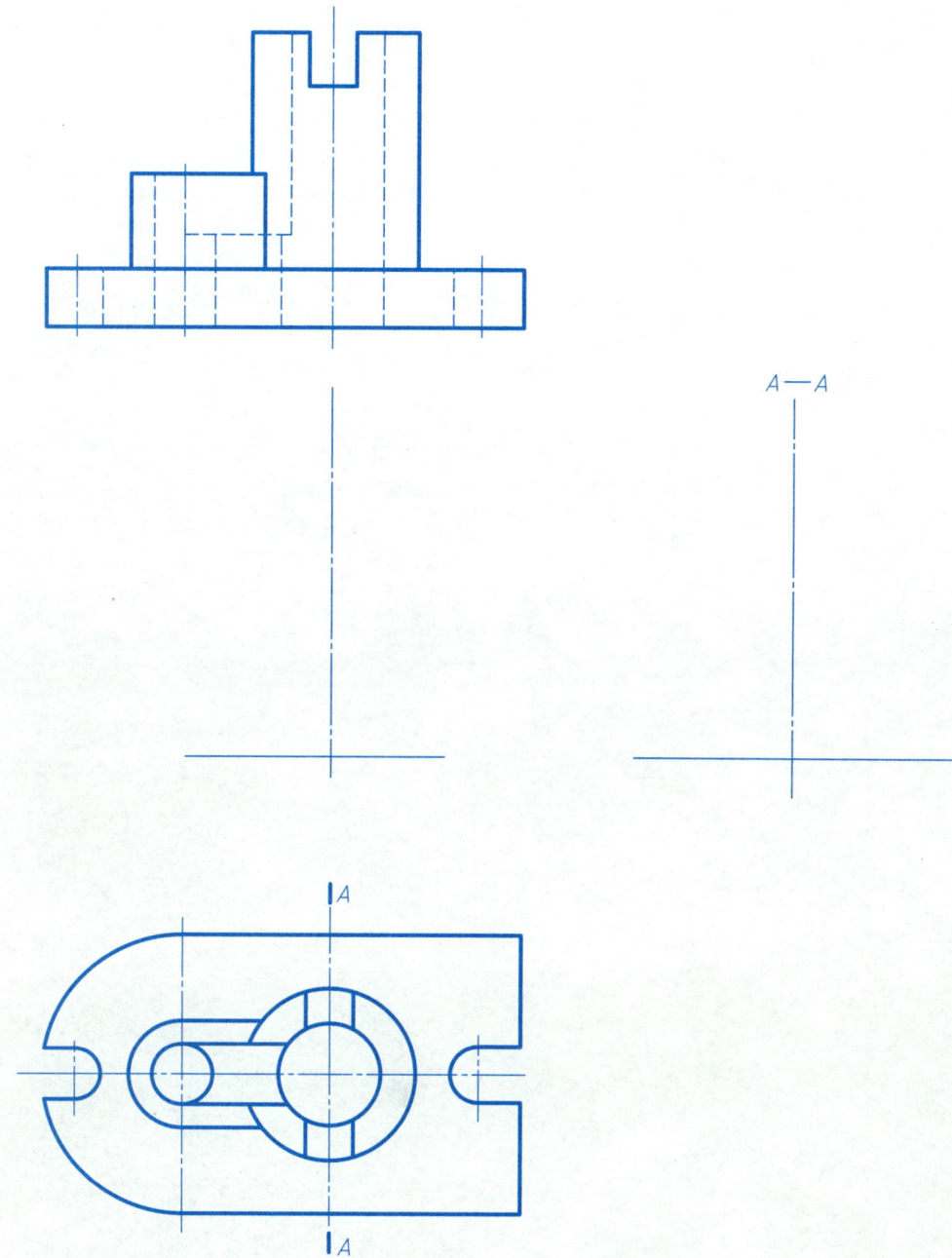

A—A

1. 在指定位置将主视图改画成半剖视图，并作出全剖的左视图。

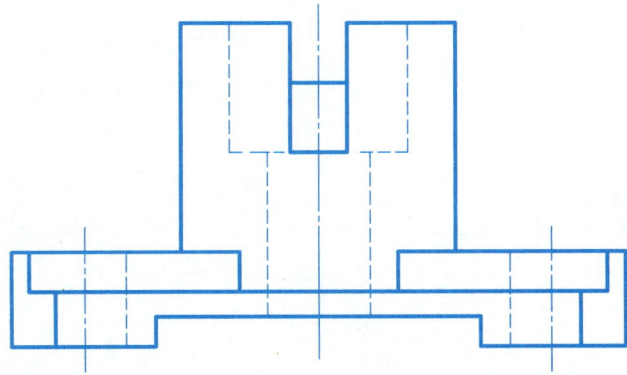

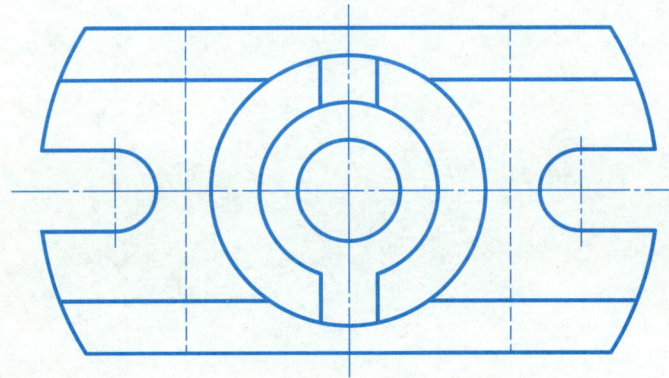

2. 在指定位置将主视图改画成半剖视图，并作出全剖的左视图。

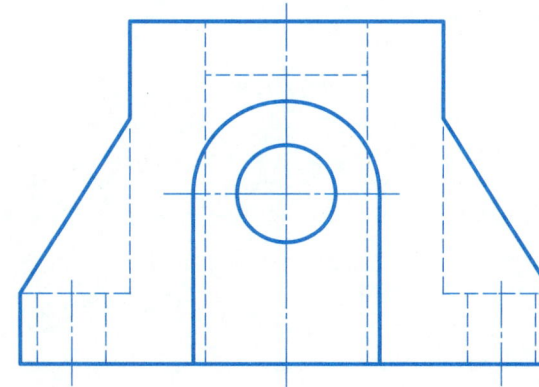

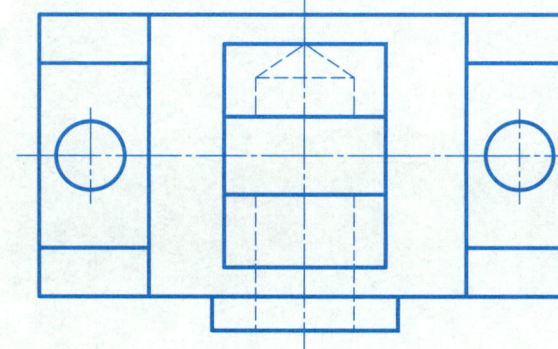

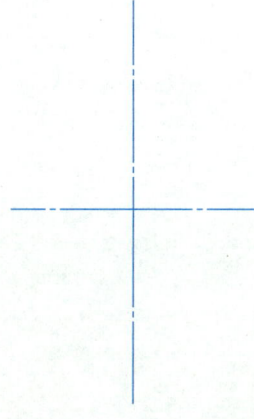

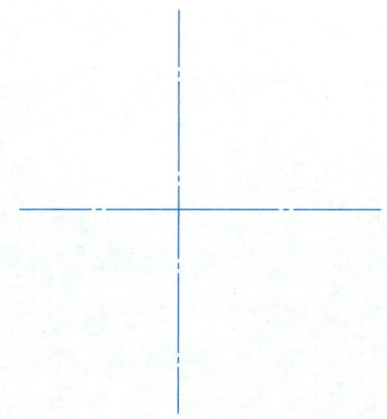

1. 画出指定位置的断面图（左端小孔为通孔、右端键槽深 4mm）。

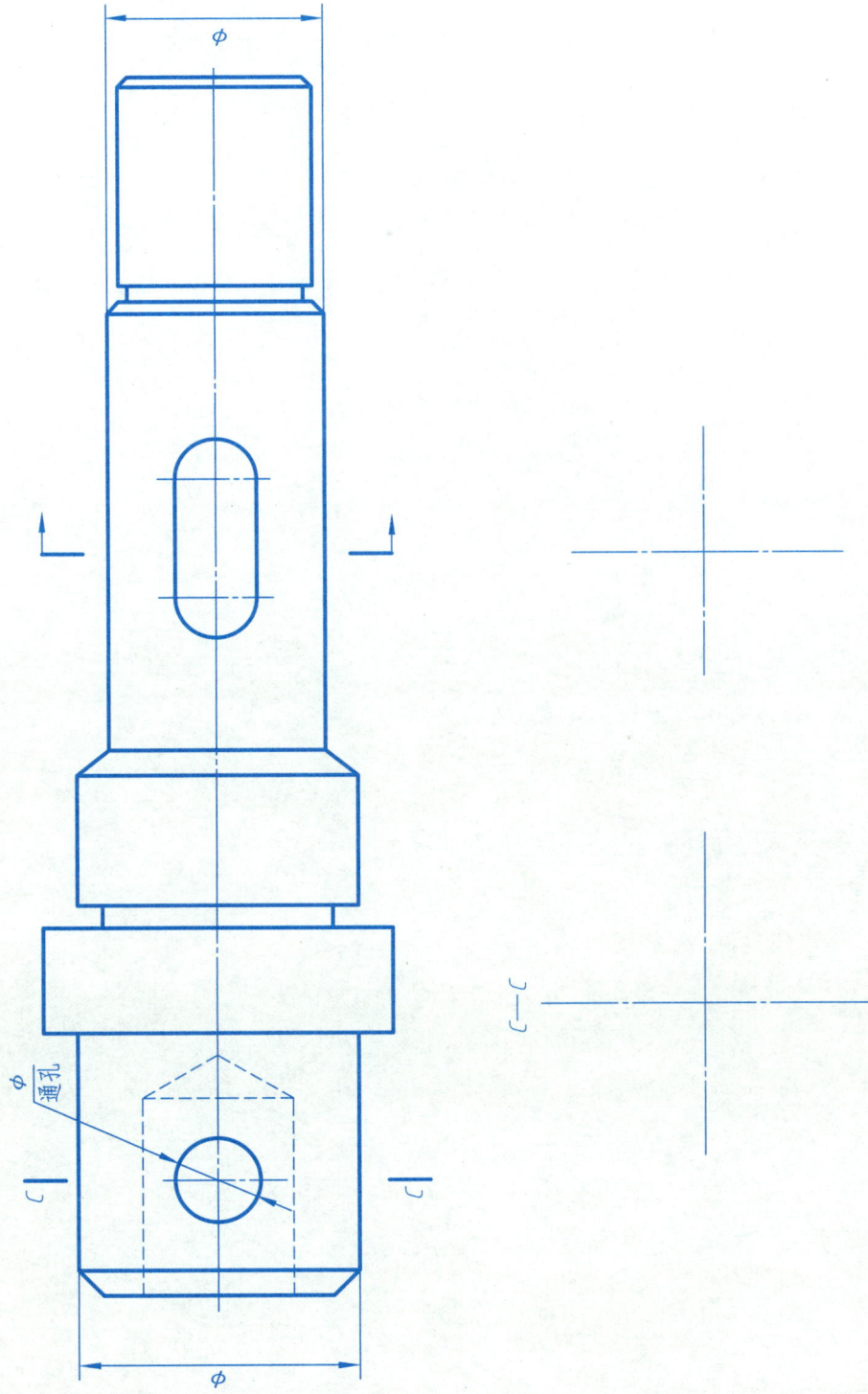

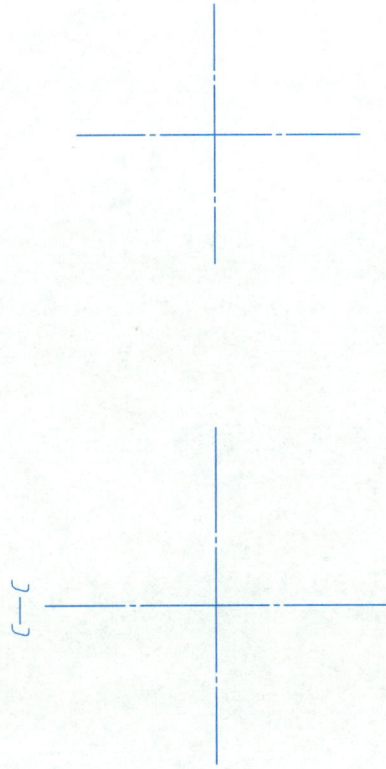

2. 在正确的断面图形下方画√。

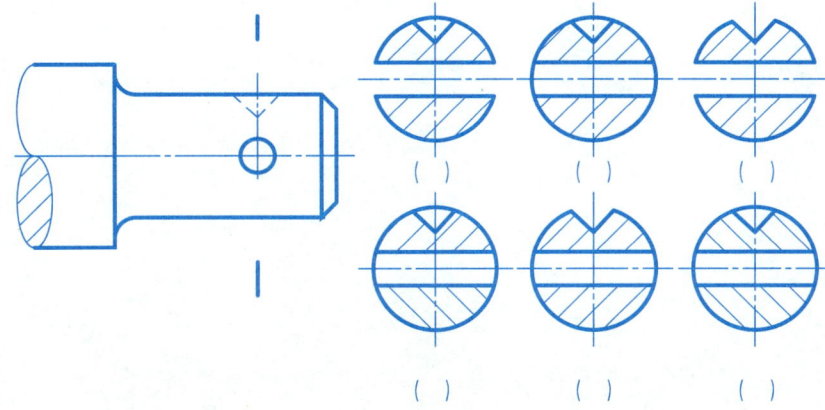

( )　( )　( )

( )　( )　( )

3. 根据已知视图画出肋板指定断面图。

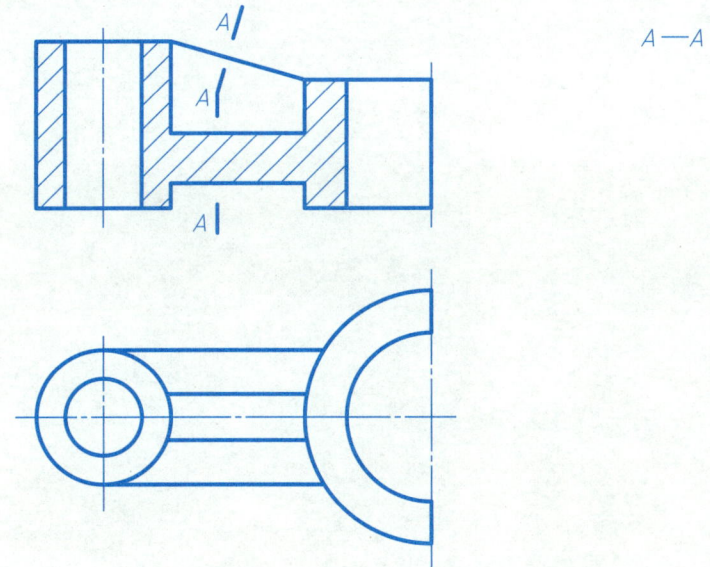

A—A

选用适当的表达方法，在 A3 图纸上按 1∶1 的比例画出图示零件，并标注尺寸。

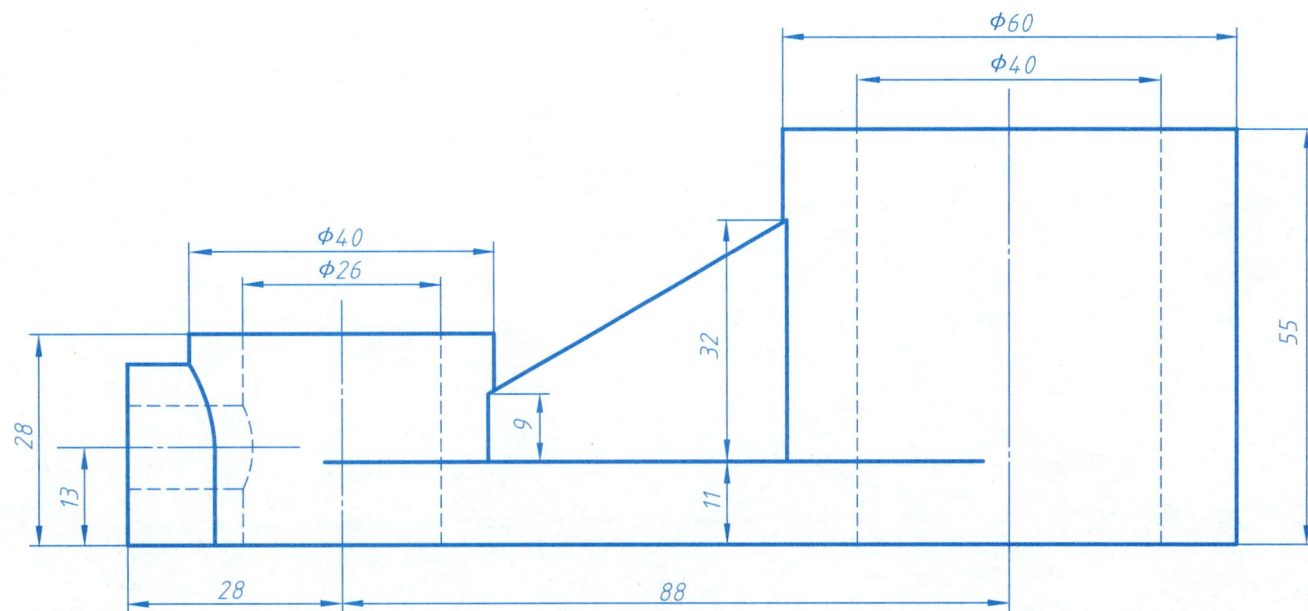

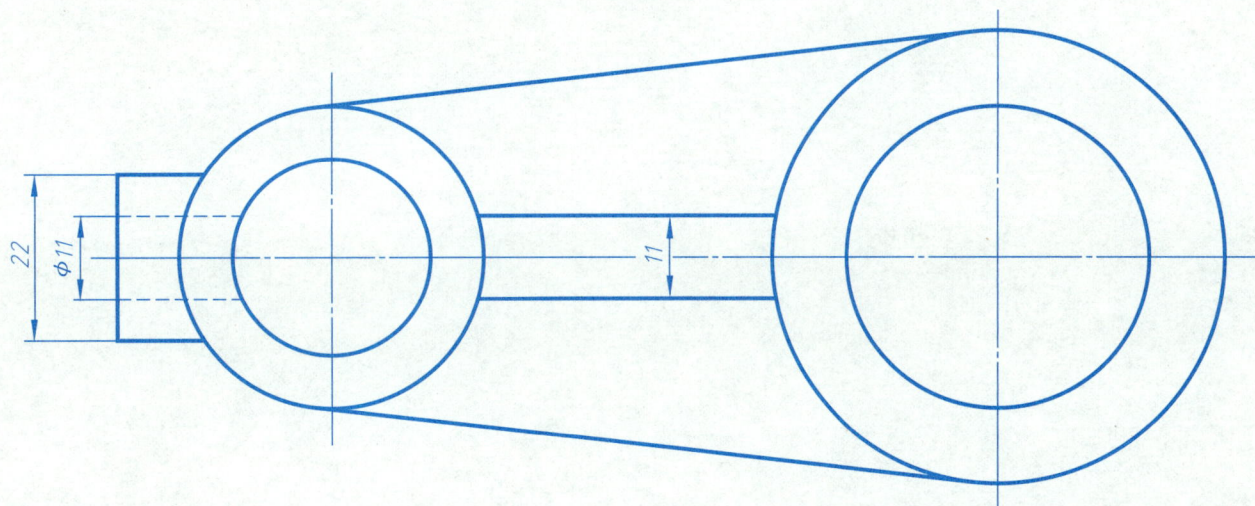

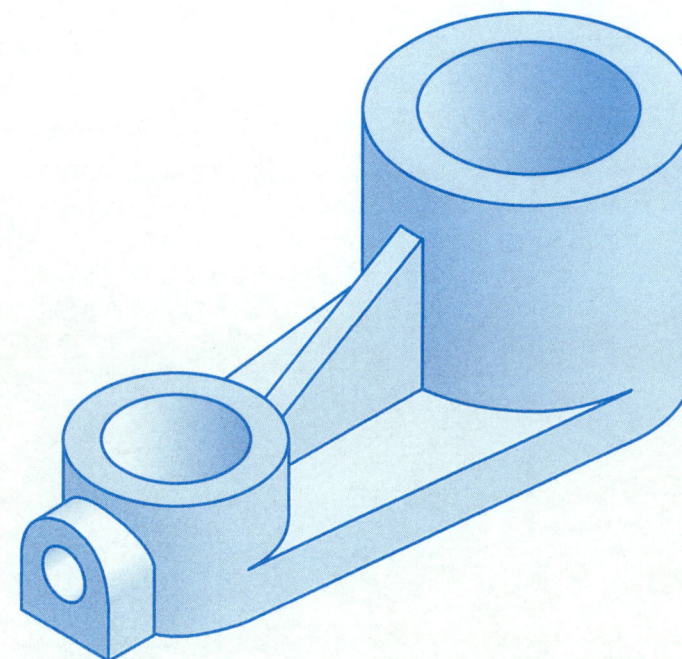

选用适当的表达方法，在 A3 图纸上按 1∶1 的比例画出图示零件，不用标注尺寸。

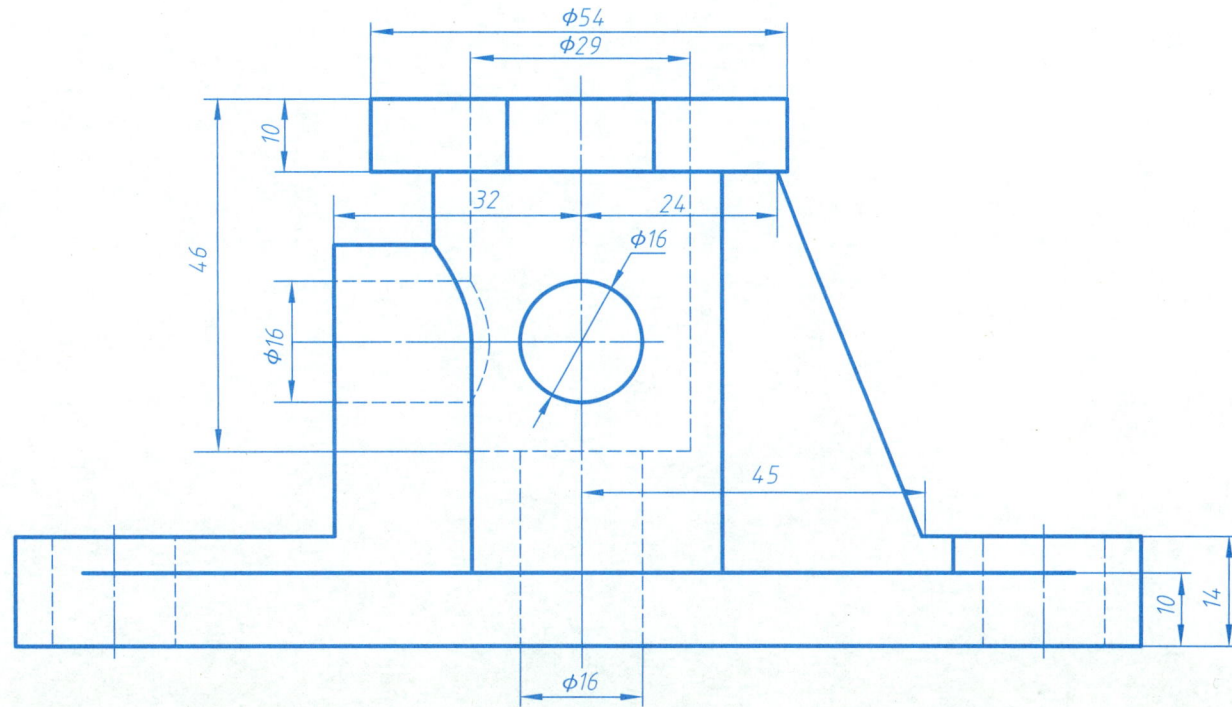

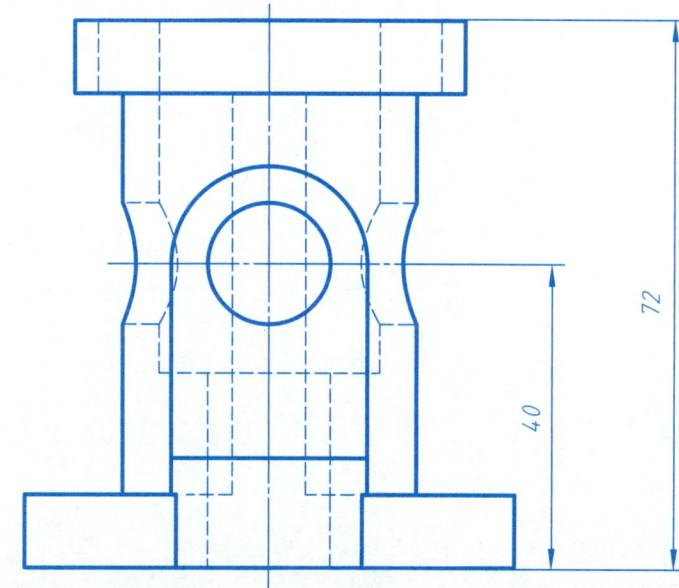

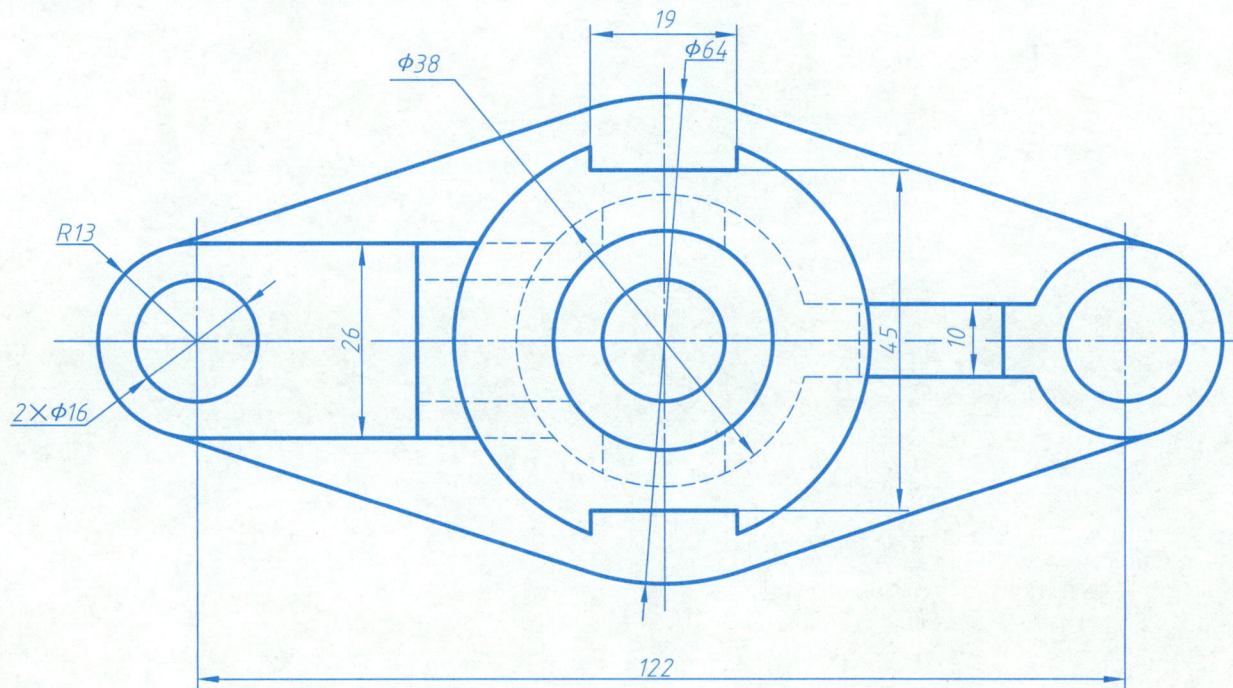

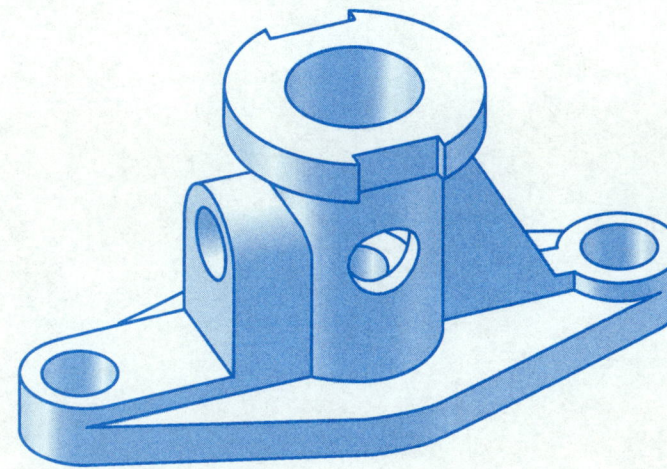

1. 分析下列螺纹及螺纹连接画法中的错误，并在原图右侧的指定位置画出正确的视图。

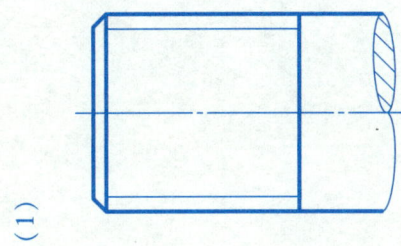

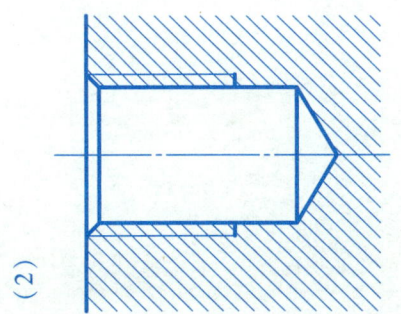

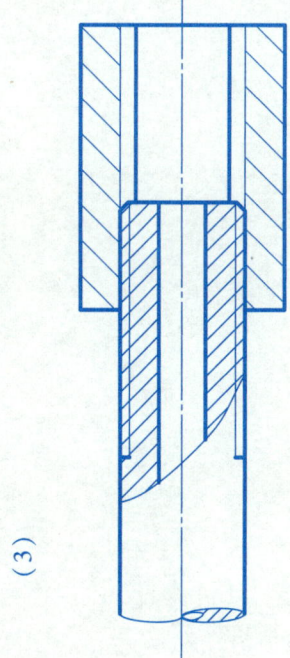

(1)

(2)

(3)

2. 改正下列螺纹标注中的错误。

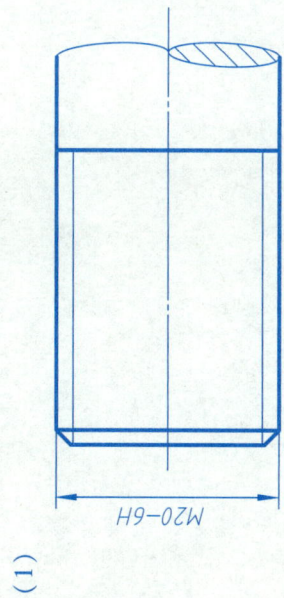

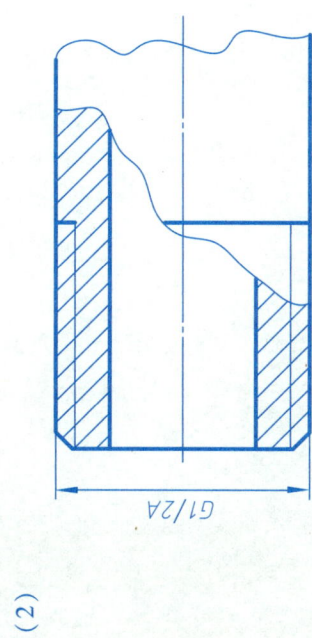

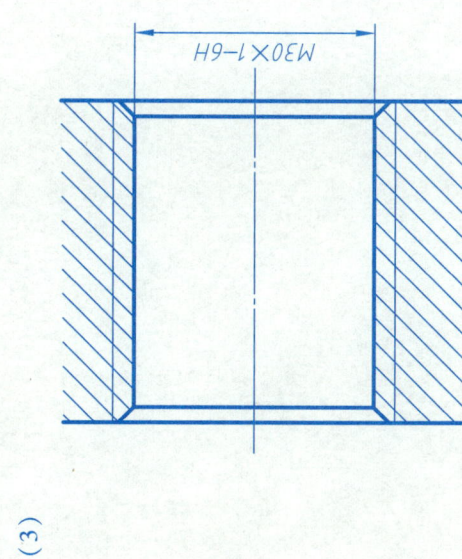

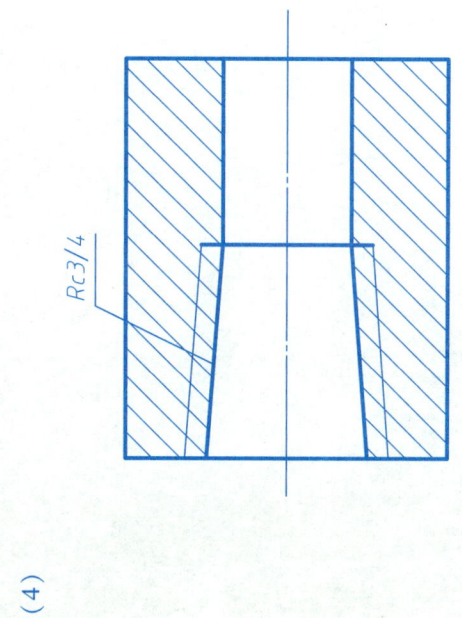

(1) M20-6H

(2) G1/2A

(3) M30×1-6H

(4) Rc3/4

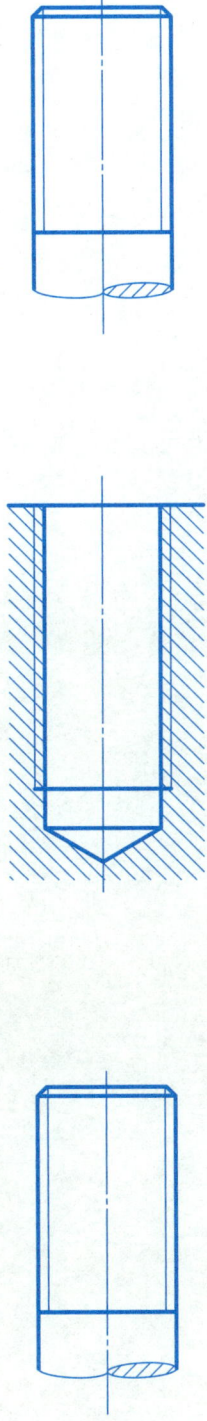

1. 根据下列给定的螺纹要素，在图上标注出螺纹的标记。

（1）普通粗牙螺纹：公称直径为18mm，螺距为2.5mm，右旋，中、顶径公差带代号6g。

（2）普通细牙螺纹：公称直径为18mm，螺距为1.5mm，右旋，中、顶径公差带代号6H。

（3）普通粗牙螺纹：公称直径为18mm，螺距为2.5mm，左旋，中、顶径公差带代号5g6g，短旋合长度。

（4）55°非密封管螺纹：尺寸代号1/2。

（5）55°非密封管螺纹：尺寸代号3/4，公差等级A。

（6）梯形螺纹：公称直径为26mm，导程为10mm，双线，左旋，中径公差带代号7e，中等旋合长度。

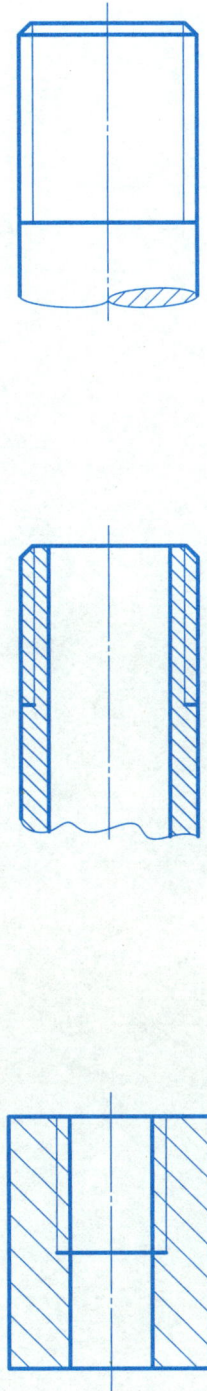

2. 已知下列螺纹代号，请识别其意义并填表。

螺纹代号	螺纹种类	大径/mm	螺距/mm	导程/mm	线数	旋向	公差代号（中径）	旋合长度（种类）
M20-5g6g-S								
M20×1-6H-LH								
Tr50×24（P8）-8e-L								
G1A								
B32×6-7e								

在 A3 图纸上，用给定的连接件完成连接图，作图比例为 1：1。

（1）

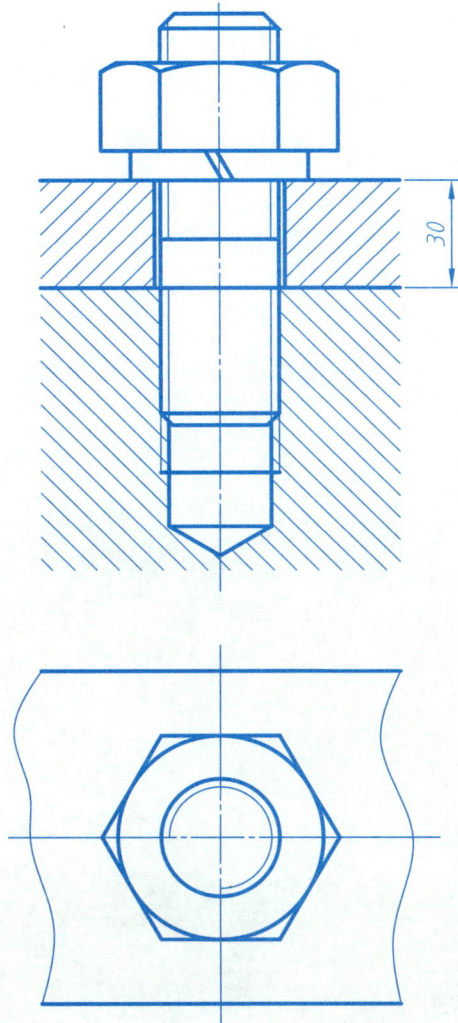

（2）

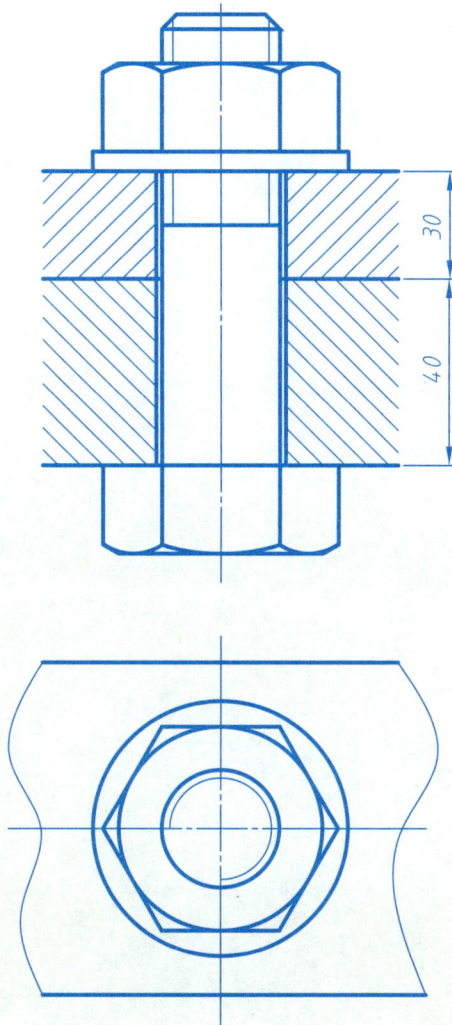

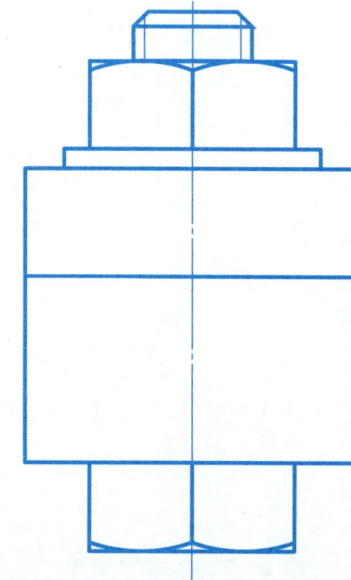

注：被旋入零件的材料为铸铁。

螺柱　GB 898　M24×L
螺母　GB/T 6170　M24
垫圈　GB 93—87　24

螺栓　GB/T 5782　M24×L
螺母　GB/T 6170　M24
垫圈　GB/T 97.1　24

设计			（日期）		45	螺纹紧固件连接
校核						
审核				比例		（图样代号）
班级		学号		共　张　第　张		

1. 按已给轴与孔，查表标注普通平键键槽尺寸，并在下方完成平键连接图。

（1）普通平键键槽

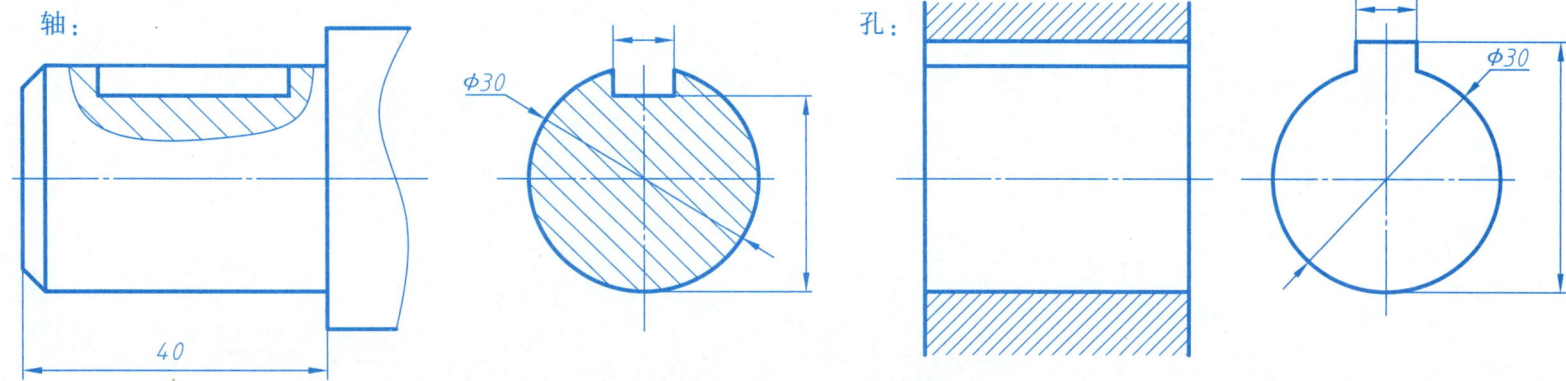

轴：

孔：

$\phi30$

$\phi30$

40

（2）补全普通平键的连接图

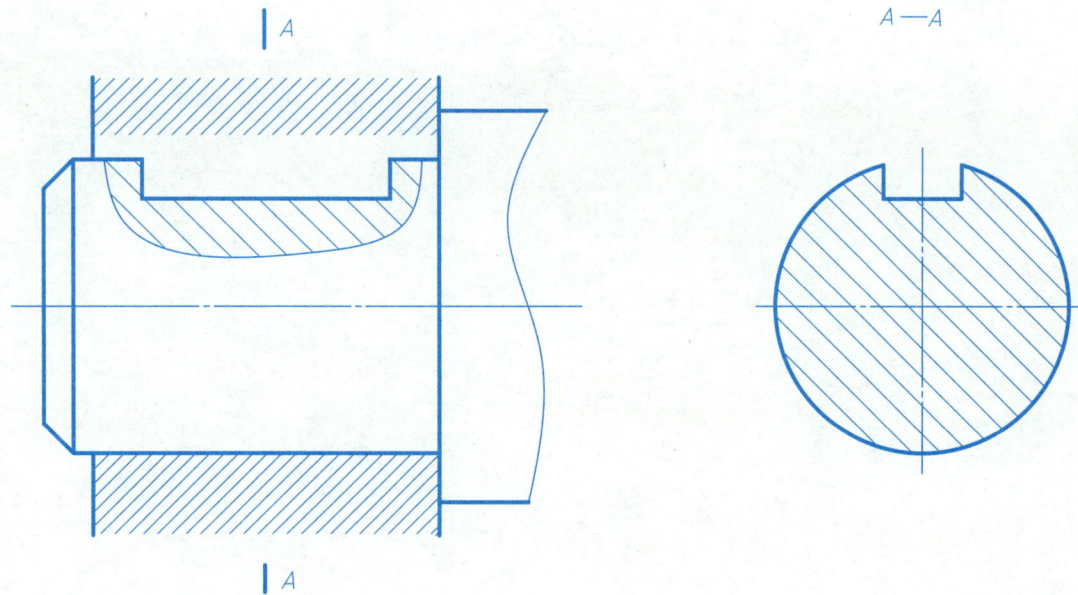

A

A—A

A

2. 选出适当长度的 d 为 5mm 的圆锥销，按 2：1 的比例画出销连接的装配图，并按规定写出销的标记。

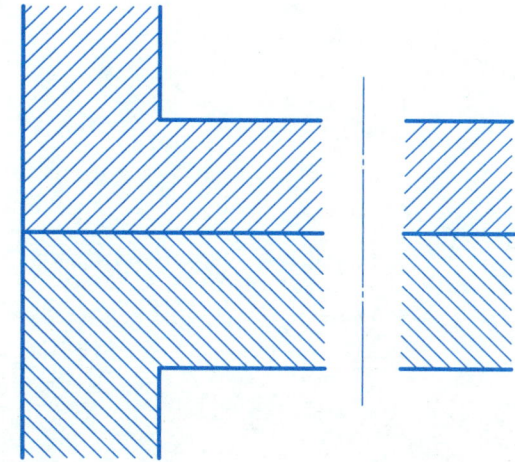

规定标记 ＿＿＿＿＿＿＿＿＿＿＿

3. 选出适当长度的 d 为 6mm，公差为 m6 的圆柱销，画出销连接的装配图，并按规定写出销的标记。

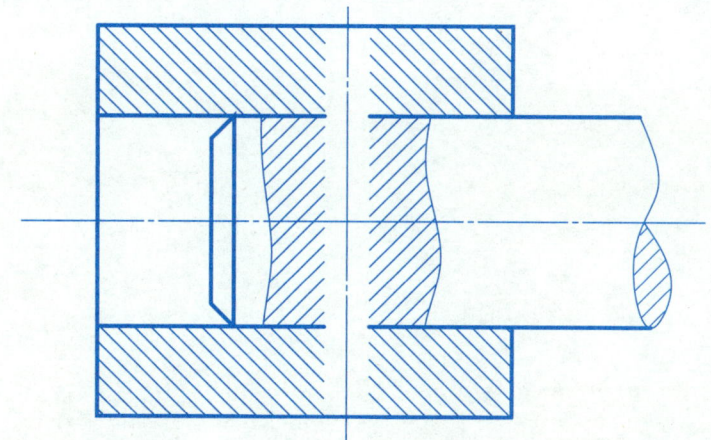

规定标记 ＿＿＿＿＿＿＿＿＿＿＿

1. 完成一对相互啮合的齿轮的两视图（大齿轮齿数 $z_1 = 22$，小齿轮齿数 $z_2 = 18$）。

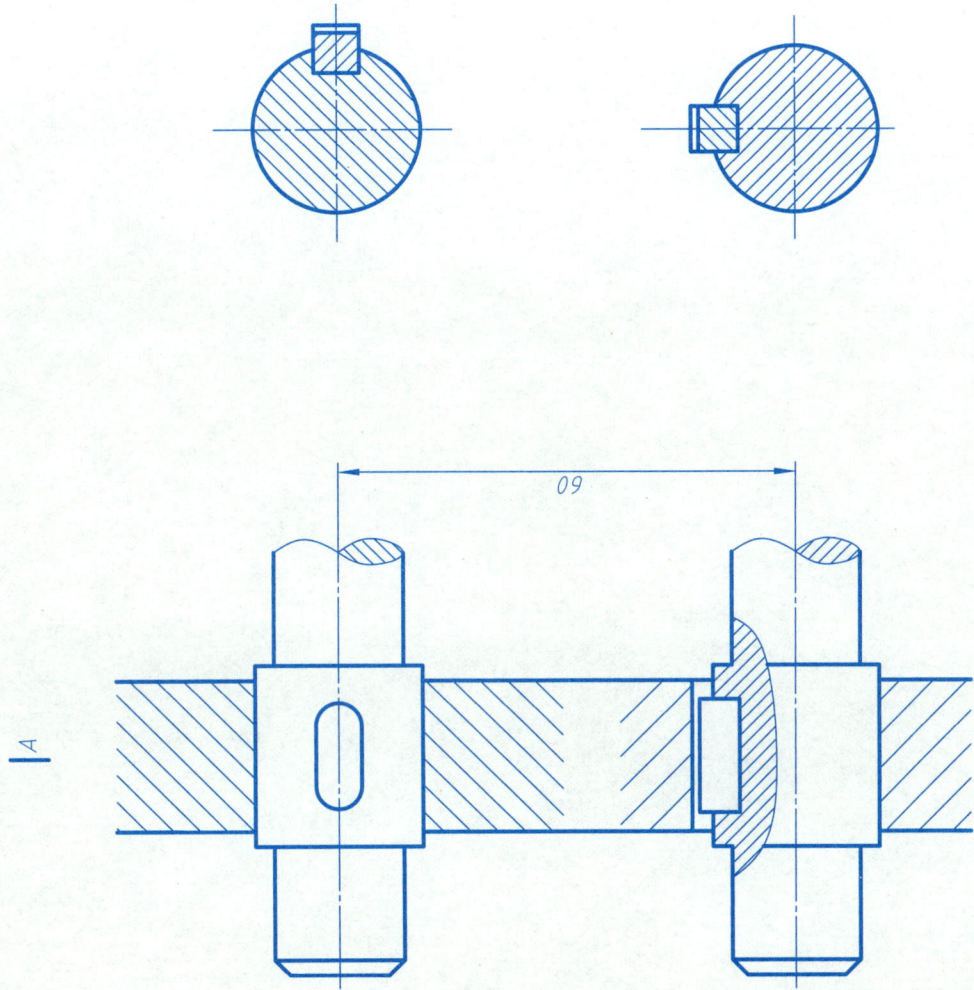

2. 已知直齿圆柱齿轮模数 $m = 4\text{mm}$，齿数 $z = 24$，试计算该齿轮的分度圆、齿顶圆和齿根圆直径，按 1 : 1 的比例完成下列两视图，并标注尺寸。

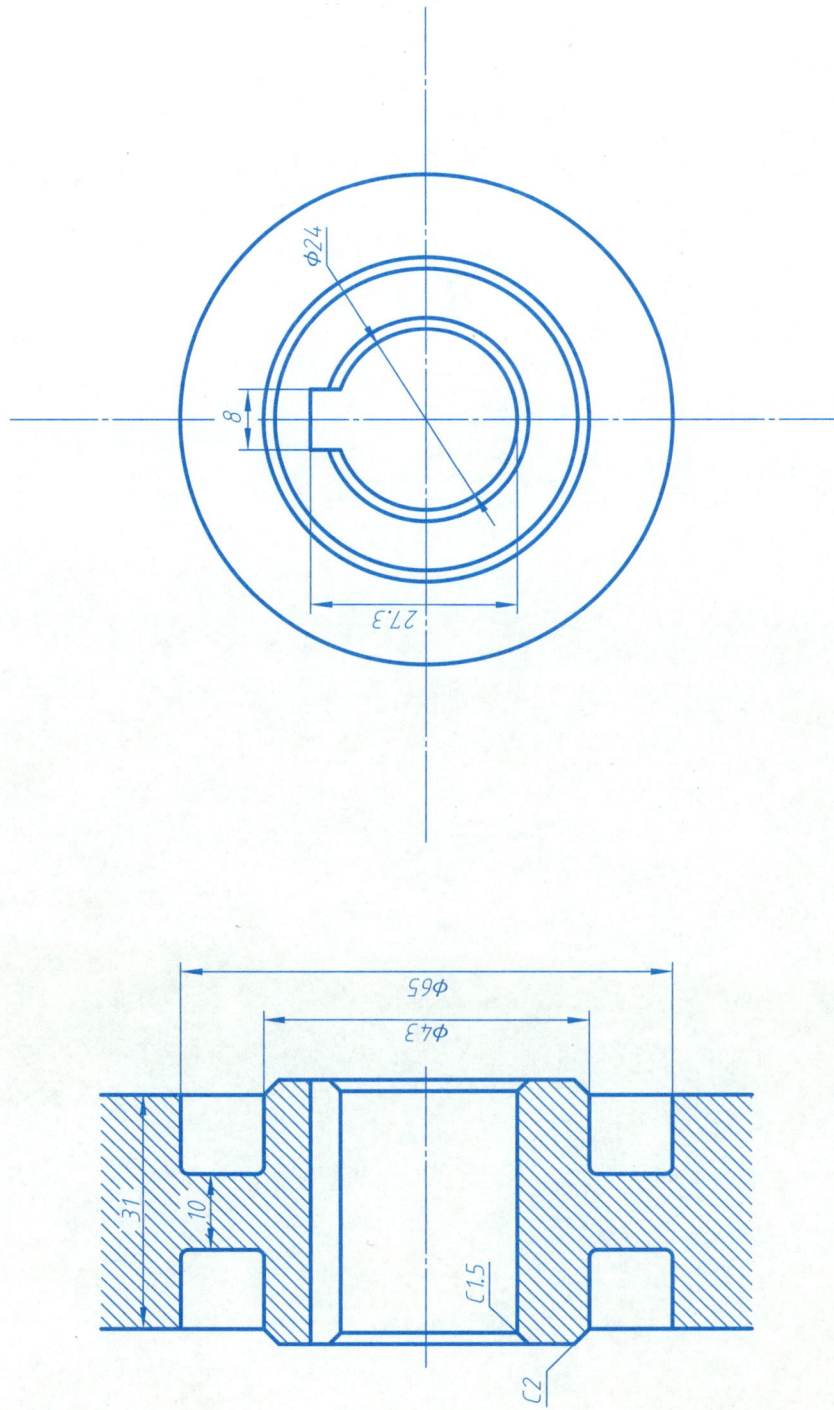

| 习题 11-1　由轴测图画零件图 | 班级： | 学号： | 姓名： | 42 |

零件名称：支架
比例：1：1
图幅：A3

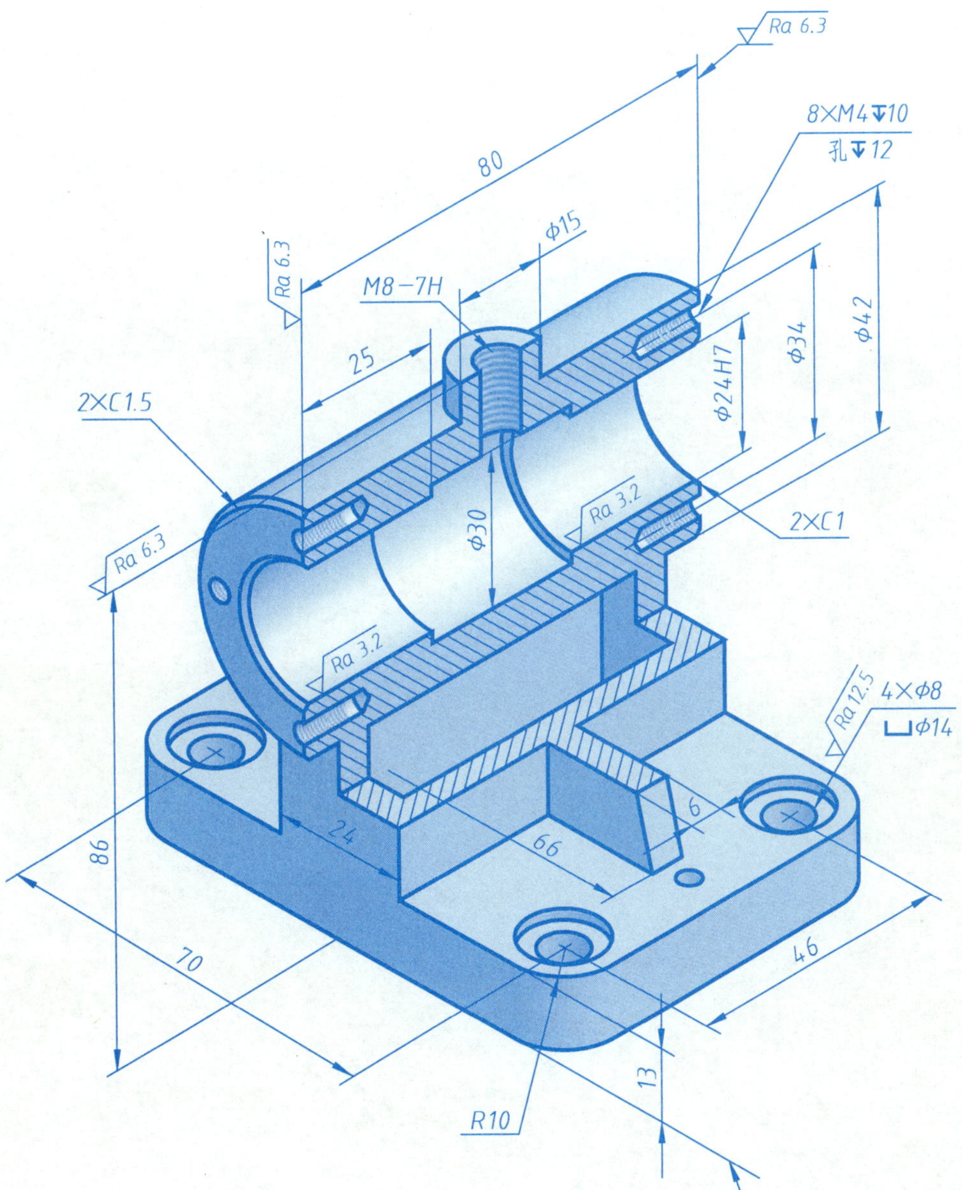

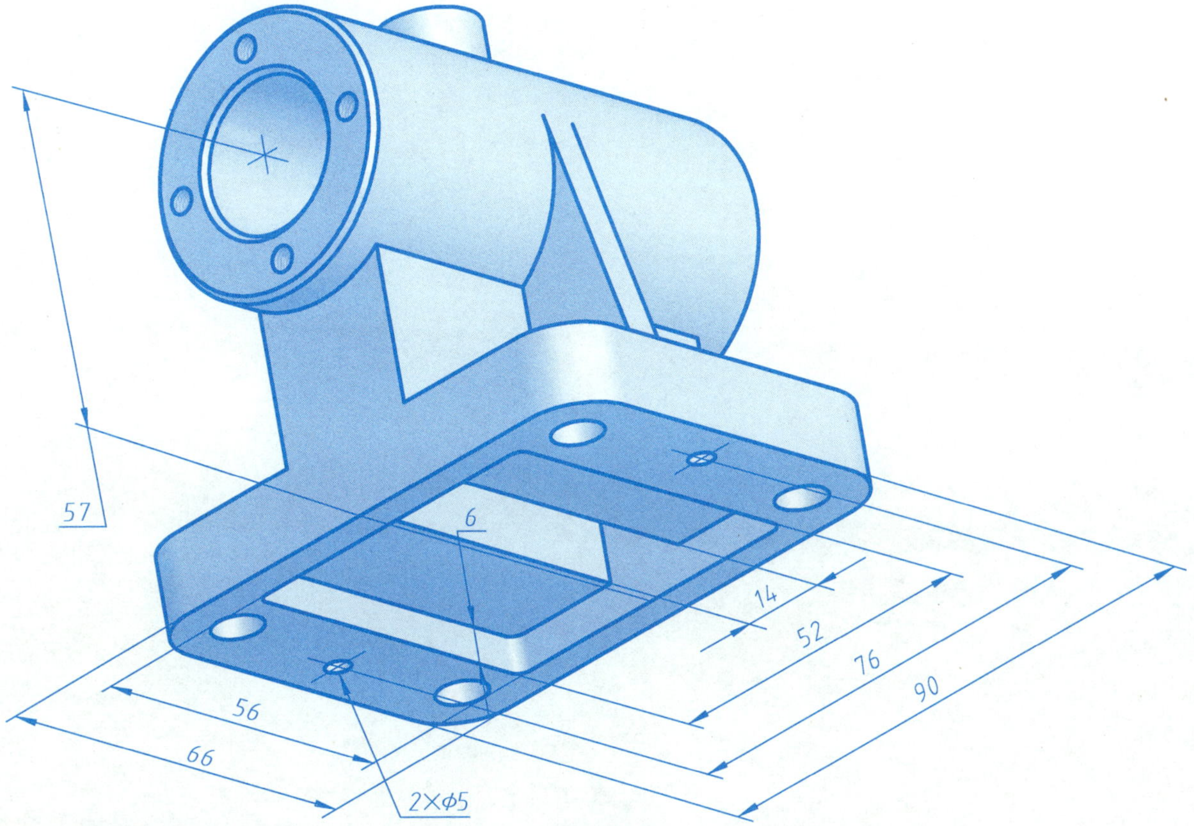

作业指示

1. 作业内容：
　按给定的零件立体图（最好配合零件实物）画出零件草图，并根据草图按 1：1 的比例画出零件图。
2. 作业提示：
（1）零件草图画在方格纸上。
（2）选择视图表达方案时，注意用最少数量视图表达清楚零件结构。
（3）布置图面时，要注意各视图之间的空白位置应满足尺寸标注的需要。
（4）零件草图应具有与零件图相同的内容，如果有零件实物可以徒手目测绘制
零件草图，线型要分明。尺寸标注不重复、不遗漏，尽量符合设计和工艺要求。
3. 技术要求：
（1）未注圆角为 $R3$。
（2）未注倒角为 $C1.5$。
（3）铸造表面喷砂处理。

6×M8-6H▼8
孔▼12 EQS

294±0.2

132

98±0.1

64

20±0.1

49

2:1

4

R0.5

Φ93

√Ra 3.2

A

C

6×M6-6H▼8
孔▼10 EQS

√Ra 1.6

B

Φ95h6

Φ78

Φ60H7

Φ78

Φ85

Φ60H7

Φ75

Φ95

Φ132±0.2

√Ra 1.6

√Ra 1.6

66

A

C

√Ra 3.2

8±0.1

A—A

B

C—C

16

85

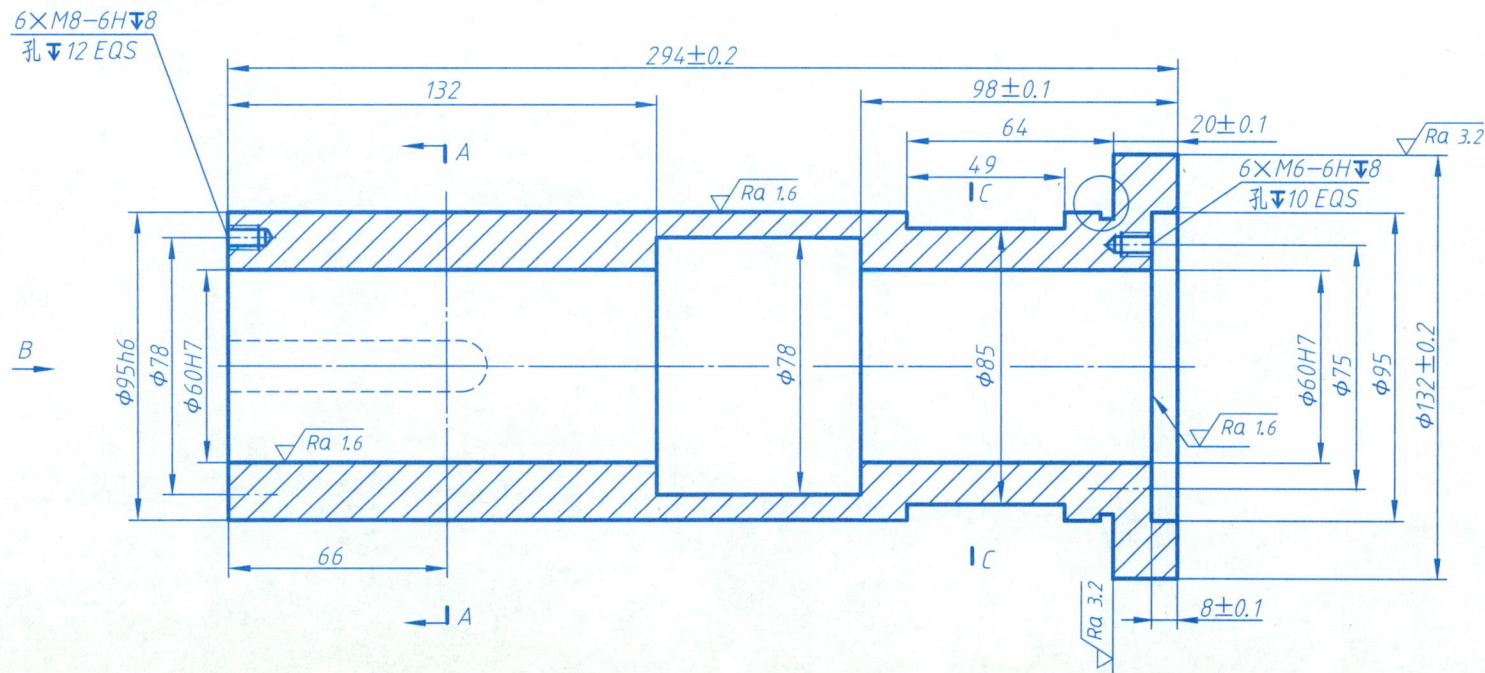

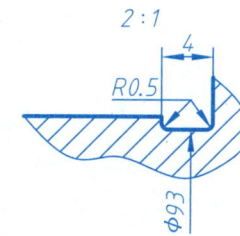

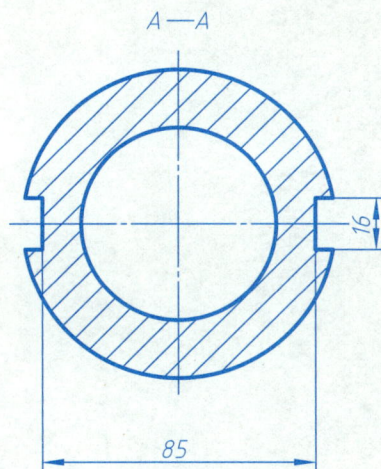

（1）读懂套筒零件图，并在指定位置作出 B 向局部视图和 C—C 断面图。

（2）标注 2：1 的图采用的表达方法是_____。

（3）φ60H7 中符号 H7 的含义为_____。

（4）在图中 M6-6H 的孔有_____个，其定位尺寸为_____。

（5）零件加工面中表面粗糙度要求最高的数值是_____。

技术要求

1.锐边倒角，未注倒角为C2。

2.全部螺孔均有倒角C1。

√Ra 12.5 (√)

设计			（日期）	40Cr	套筒
校核					
审核				比例	（图样代号）
班级		学号		共 张 第 张	

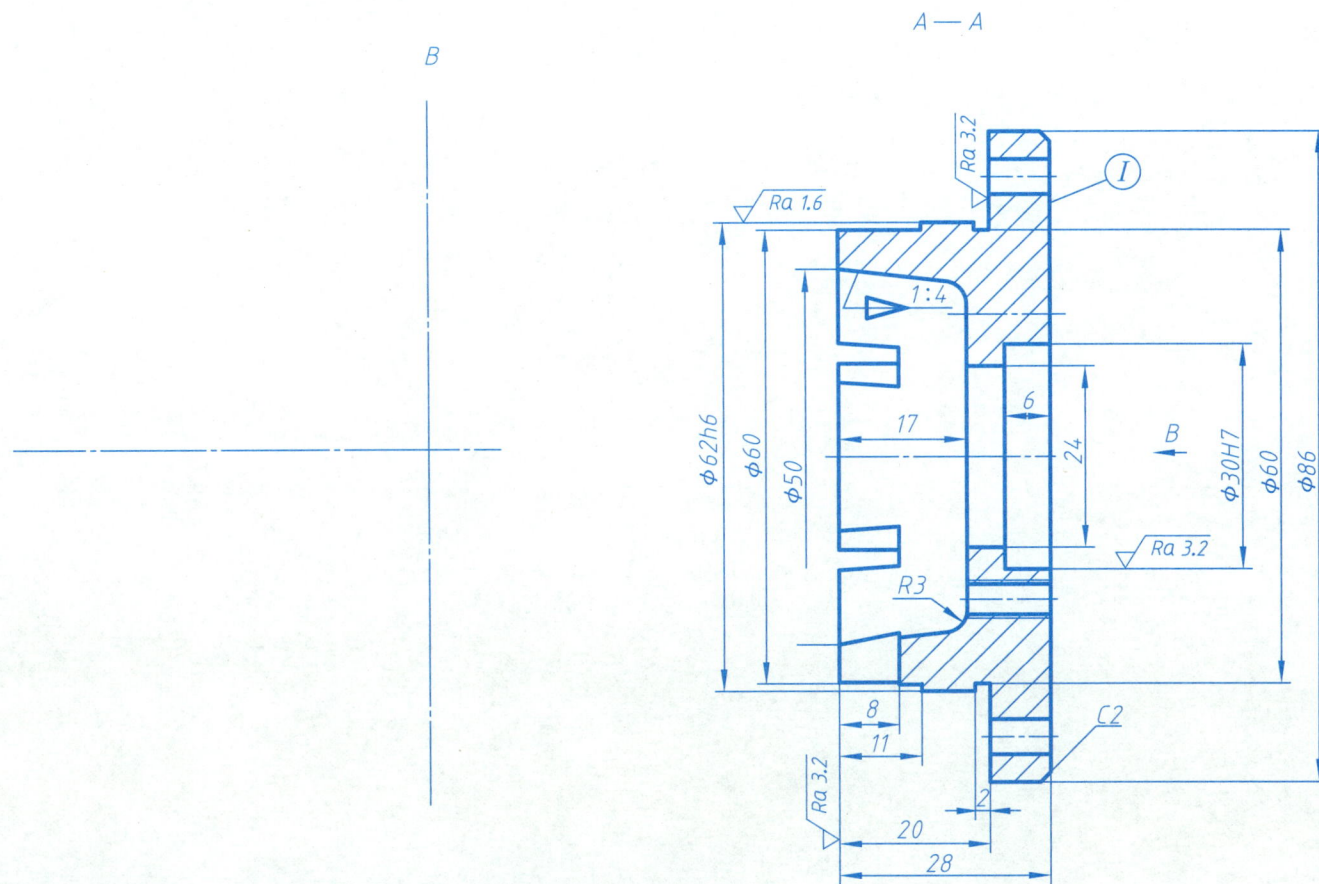

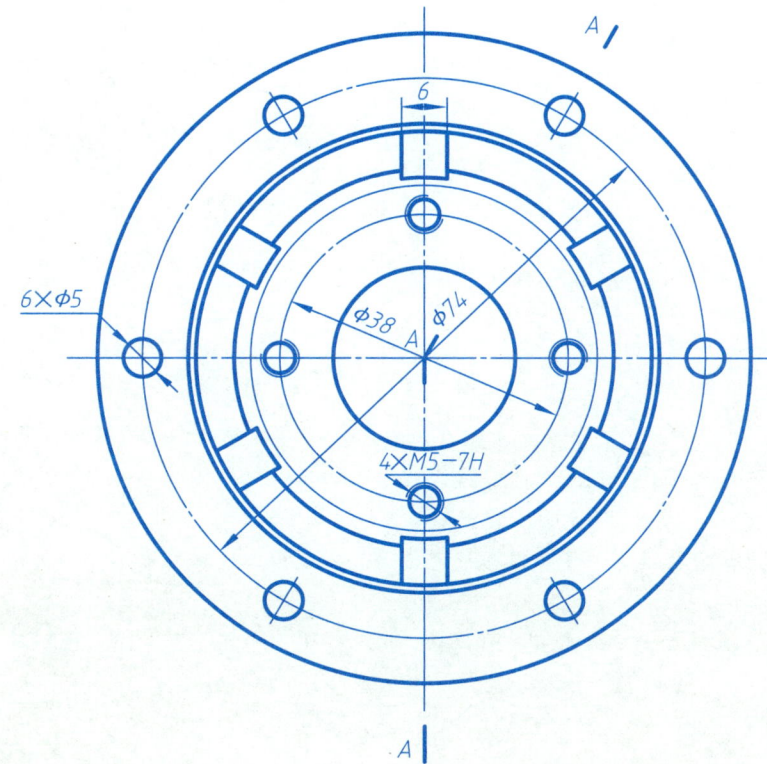

A — A

（1）读懂端盖零件图并在指定位置画出 *B* 向视图（虚线省略不画）。

（2）主视图采用的表达方法是_____剖切面的_____剖视图。

（3）零件上共有_____个槽，槽宽为_____ mm，槽深为_____ mm。

（4）零件上 6×φ5 光孔的定位尺寸为_____。

（5）4×M5-7H 螺孔的定位尺寸为_____。

（6）零件上 I 表面的粗糙度为_____，标注 φ62h6 表面的粗糙度为_____。

技术要求

铸件不得有砂眼、裂纹等缺陷。

√ Ra 12.5（√）

设计		（日期）	45		端　盖
校核			比例		（图样代号）
审核					
班级	学号		共　张　第　张		

A

$\phi14$
$\phi9$
$\sqrt{Ra\,6.3}$

$\sqrt{Ra\,3.2}$
38
$\sqrt{Ra\,3.2}$

2
2
14
7

$\phi20$
$\phi12$
$\sqrt{Ra\,0.8}$

5
31

M8–6H

16
5

69

A

18
3
9

5
5

R10

15

$\sqrt{Ra\,6.3}$

38

$2\times\phi11$
$\llcorner\rceil\,\phi23$

6
12
$\sqrt{Ra\,6.3}$

32
63

46

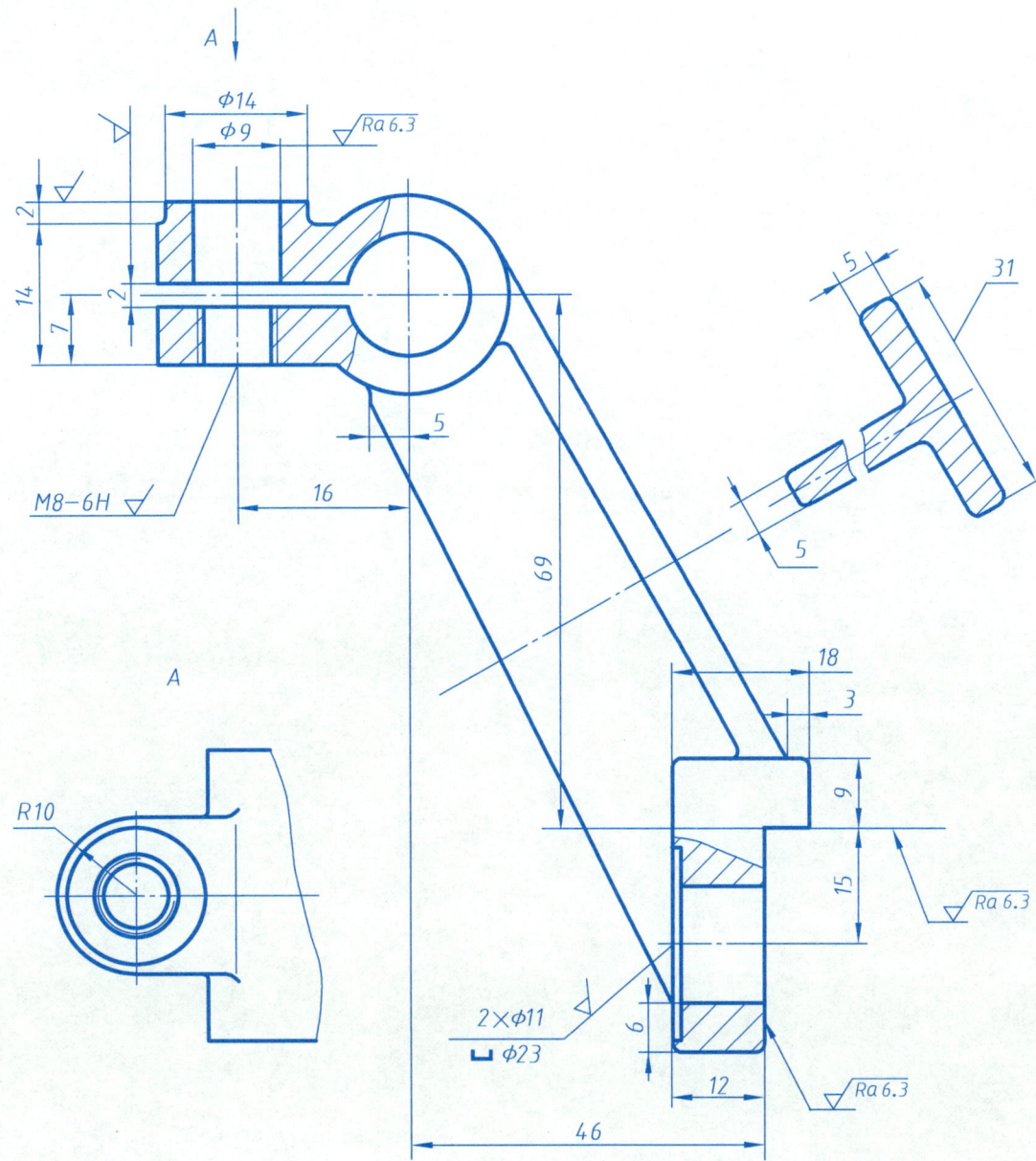

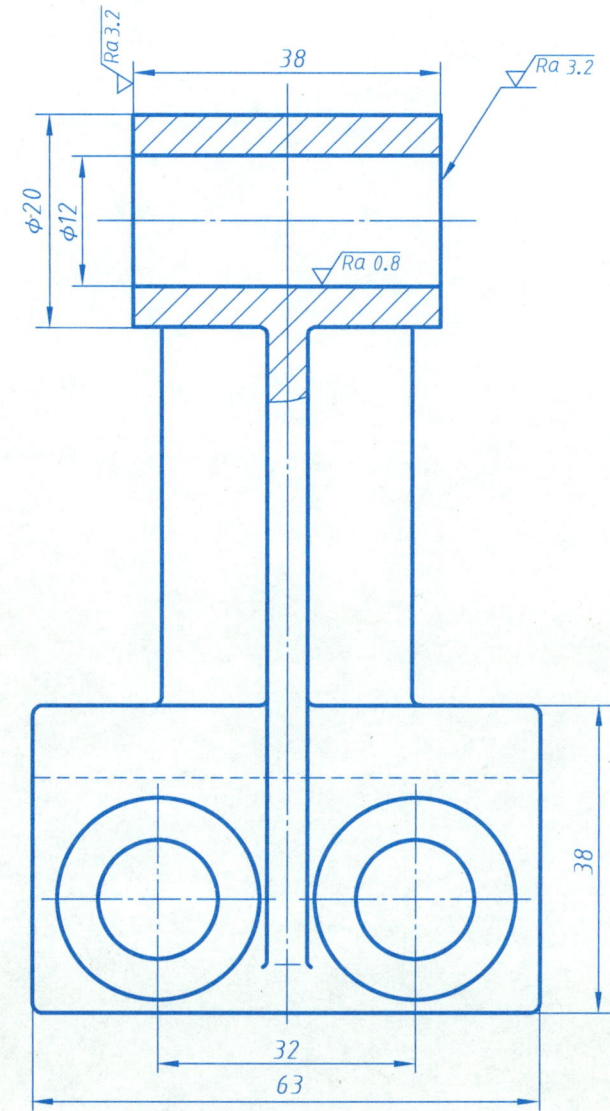

技术要求
未注铸造圆角为R2～R3。

（1）主视图、左视图都采用了_____剖视图。
（2）视图 A 是_____图。
（3）用指引线标出宽度方向的主要尺寸基准。
（4）主视图中尺寸 16、46 为_____尺寸。
（5）表面粗糙度要求最高的 Ra 值为_____。

$\sqrt{} = \sqrt{Ra\,12.5}$

$\sqrt{}(\sqrt{})$

设计		（日期）		HT150	托架
校核					
审核				比例	1:1	(图样代号)
班级		学号		共 张 第 张	

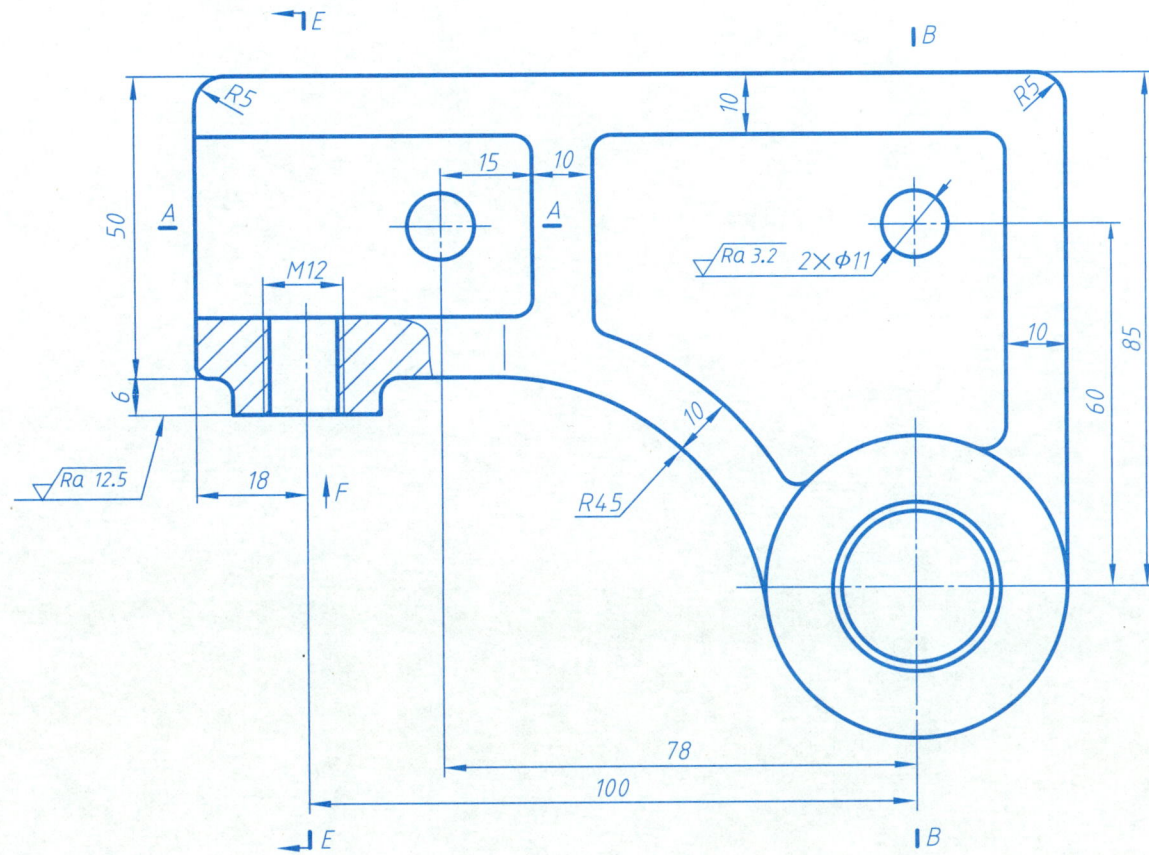

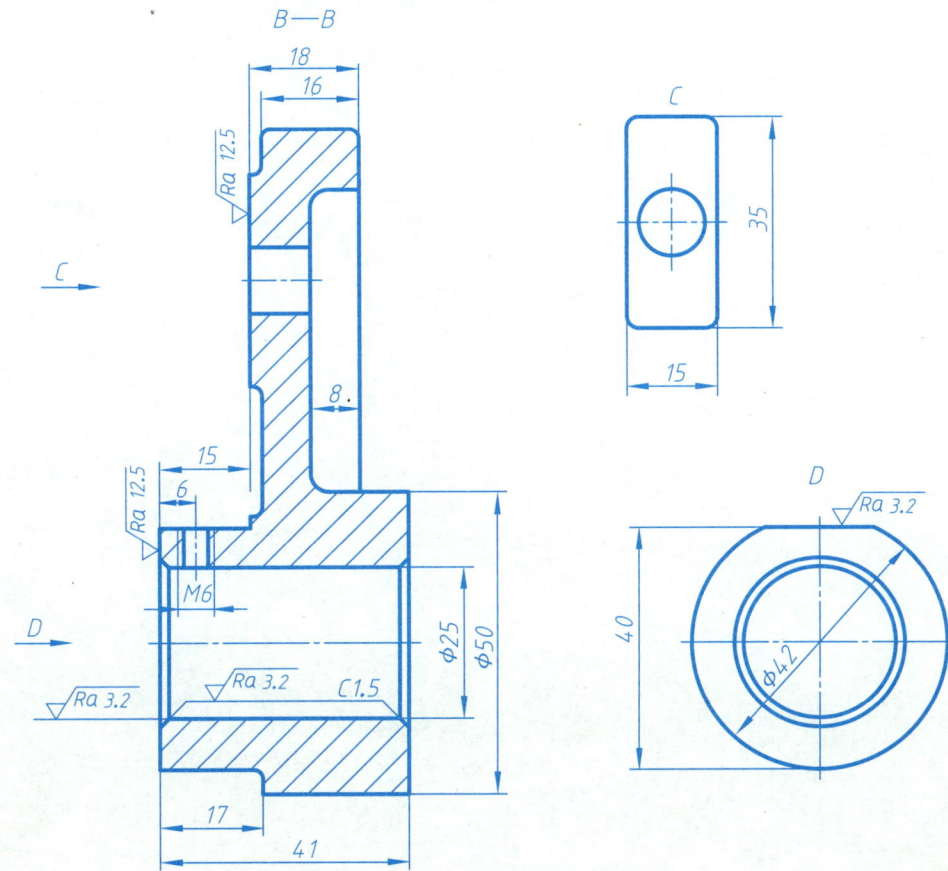

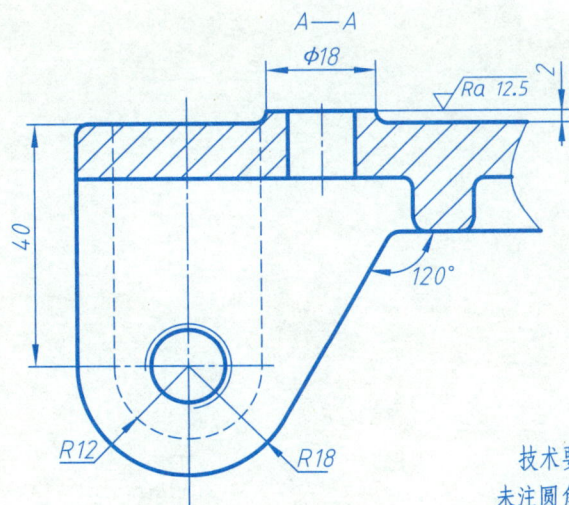

B—B

18

16

Ra 12.5

C

35

15

8

E

R5　　　　　　　　　　　　　　B　　　　　　　　　　R5

10

15　10

50

A　　　　A

Ra 3.2　2×φ11

M12

85

60

10

6

C

10

Ra 12.5

18　　F

R45

10

15

Ra 12.5

6

M6

D

Ra 3.2

D

Ra 3.2

φ25

φ50

40

φ42

Ra 3.2　Ra 3.2　C1.5

17

41

78

100

E　　　　　　　　　　B

（1）读懂轴承架零件图，并在指定位置作出 F 向局部视图和 E—E 剖视图。

（2）在主视图上指出主要尺寸基准。

（3）主视图上定位尺寸有＿＿＿＿＿＿＿＿＿＿＿＿＿。

（4）C 向、D 向表达方法是＿＿＿＿＿＿＿＿＿。

（5）零件各加工表面中要求最高的 Ra 值为＿＿＿＿，要求最低的 Ra 值为＿＿＿＿。

A—A

φ18

Ra 12.5　2

E—E

F

40

120°

R12　　R18

技术要求

未注圆角半径 R3。

√(√)

设计			（日期）	HT200	轴承架
校核					
审核				比例		（图样代号）
班级		学号		共 张 第 张	

习题 12-1　画千斤顶装配图——装配示意图	班级：	学号：	姓名：	47

根据千斤顶装配示意图和工作原理，看懂 48 页的零件图，画出千斤顶的装配图。

工作原理

千斤顶是一种手动起重、支承装置。扳动绞杠可使螺杆转动，由于螺杆与螺套间的螺纹作用，螺杆会上升或下降，起到起重、支承的作用。

千斤顶底座上装有螺套，螺套与底座间由螺栓固定。螺杆与螺套形成矩形螺纹传动，螺杆头部中穿有绞杠，可扳动绞杠使螺杆转动。螺杆顶部的球面结构与顶垫的内球面接触起浮动作用。螺杆与顶垫之间有螺栓限位。

千斤顶装配示意图

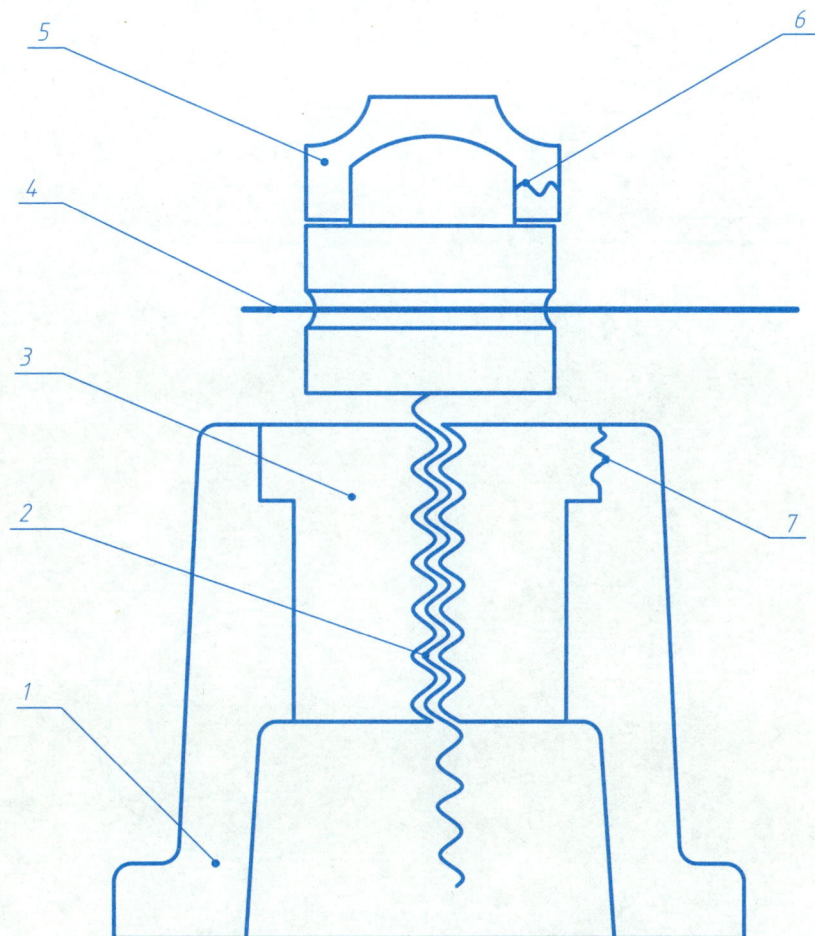

7	螺　栓	1	Q235	GB/T 5782 M10×12
6	螺　栓	1	Q235	GB/T 5782 M8×12
5	顶　垫	1	HT200	
4	绞　杠	1	35	
3	螺　套	1	铝青铜	
2	螺　杆	1	45	
1	底　座	1	HT200	
序号	名　　称	件数	材　料	备　注
设计		(日期)	(材料)	千斤顶
校核				
审核			比例	(图样代号)
班级		学号	共　张 第　张	

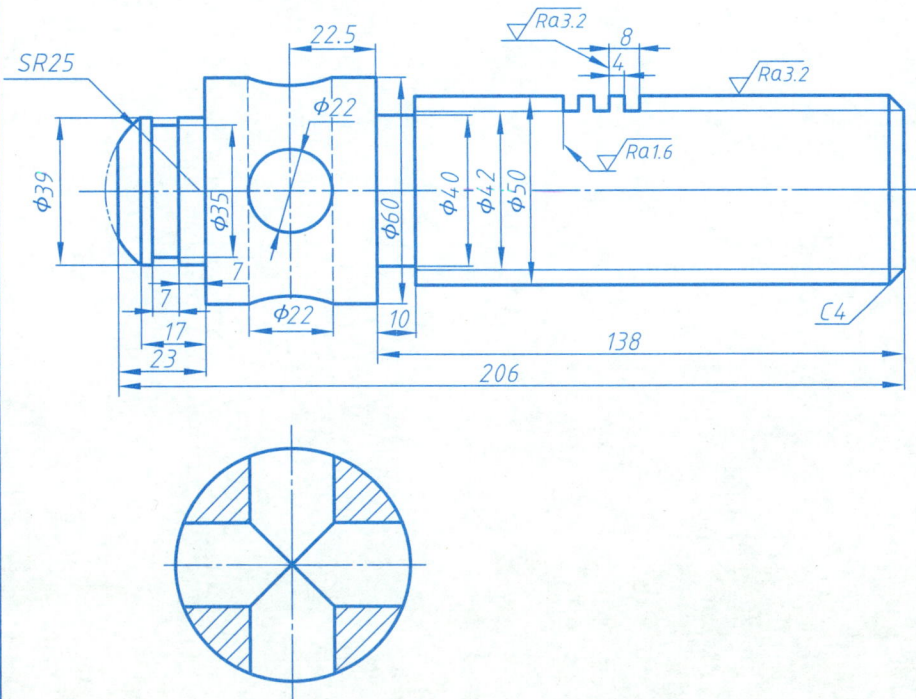

SR25
22.5
Ra3.2
8
4
Ra3.2
φ22
φ39
φ35
φ60
φ40
φ42
φ50
Ra1.6
7
7
φ22
10
17
23
138
C4
206

Ra6.3 (√)

序号 2　名称 螺杆　比例 1:1　件数 1　材料 45

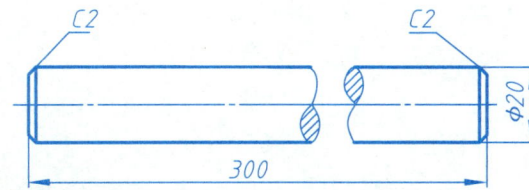

C2
C2
φ20
300

Ra6.3 (√)

序号 4　名称 绞杠　比例 1:1　件数 1　材料 35

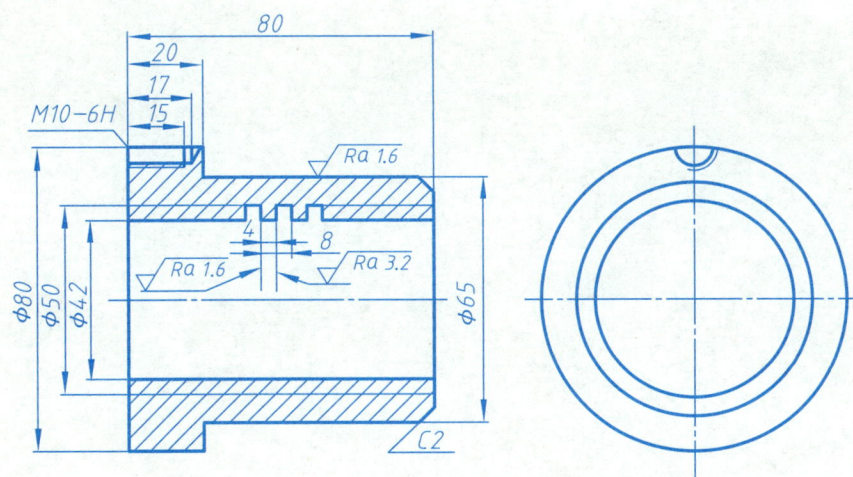

φ110
φ81
M10-6H
Ra12.5 C2
Ra12.5
Ra12.5
20
17
15
Ra12.5 C2
Ra1.6
φ65
φ80
140
60
φ120
C2
φ86
20
Ra12.5 φ150
Ra3.2

技术要求
未注圆角 R2～R5。

80
20
17
15
M10-6H
Ra1.6
φ80
φ50
φ42
φ65
4
8
Ra1.6
Ra3.2
C2

Ra6.3 (√)

序号 3　名称 螺套　比例 1:1　件数 1　材料 铝青铜

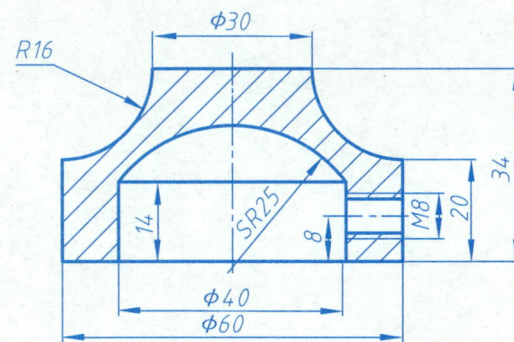

R16
φ30
34
SR25
M8
20
14
8
φ40
φ60

Ra6.3 (√)

序号 5　名称 顶垫　比例 1:1　件数 1　材料 HT200

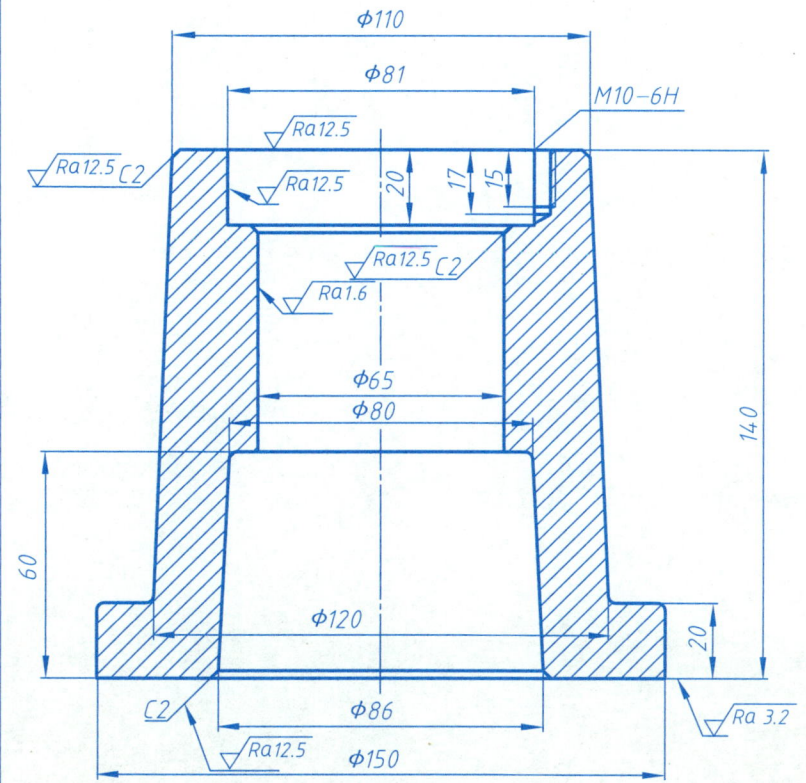

√ (√)

序号 1　名称 底座　比例 1:1　件数 1　材料 HT200

根据手压阀装配示意图及 50~52 页的零件图画出手压阀装配图（可用 AutoCAD 绘图），采用 A2 图幅和 1：1 的比例。

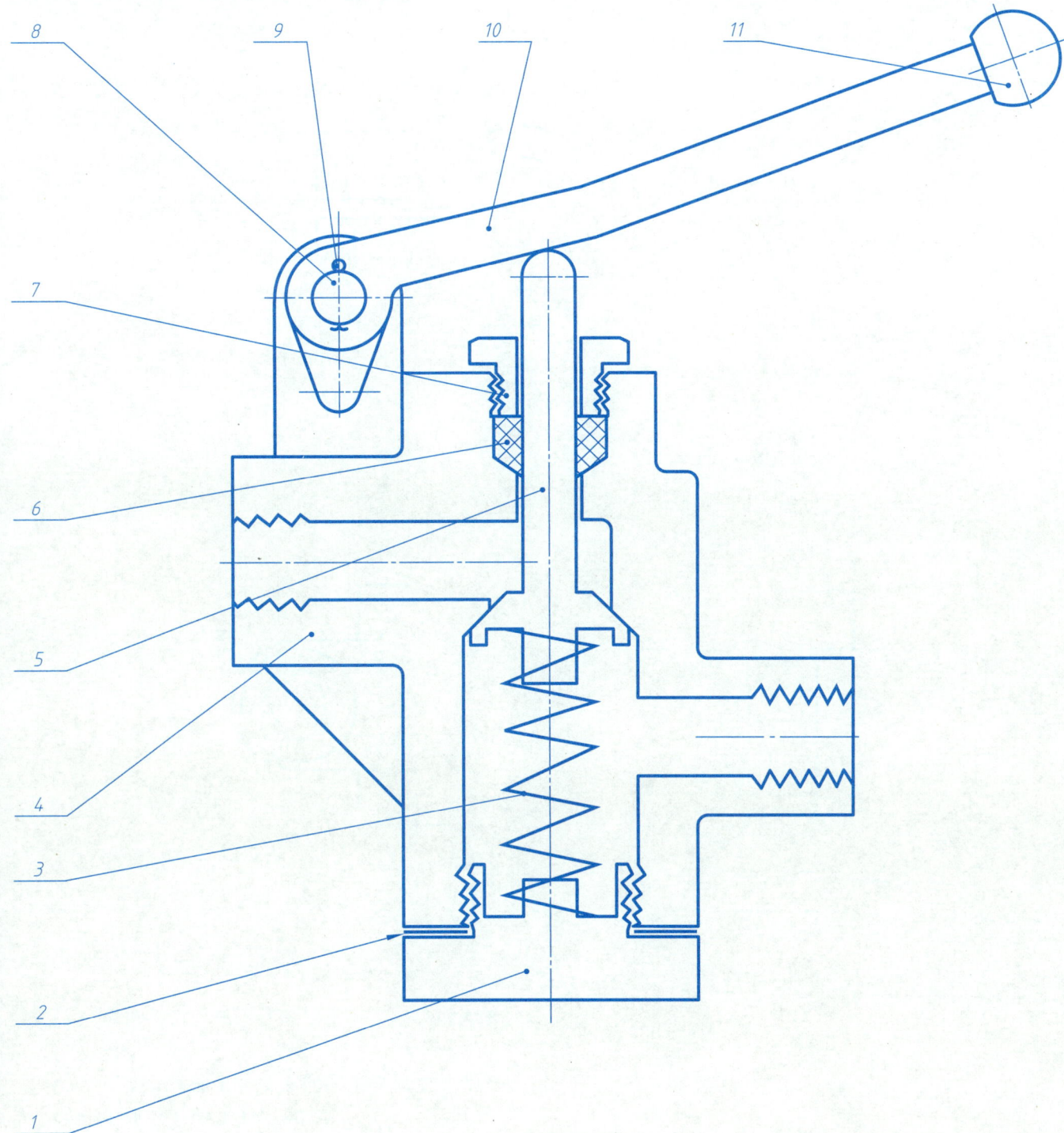

工作原理

手压阀是液压管路中常见的一种吸入和排出液体的手动阀门。手柄10用支杆8和开口销9装在阀体4上，当握住手柄10向下压紧阀杆5时，阀杆向下移动，液体流入口和流出口相通，阀门处于开启状态。手柄向上抬起时由于弹簧3的作用，阀杆向上压紧孔口，使阀门处于关闭状态。为防止液体泄漏，阀门与阀杆间装有填料6，并旋入填料压盖螺母7，在阀体与调节螺母1之间加了胶垫2。

11	球　头	1	胶木	
10	手　柄	1	ZL201	
9	开口销	1	Q235	销 GB/T 91 4×18
8	支　杆	1	ZL201	
7	填料压盖螺母	1	ZL201	
6	填　料	1	石棉	
5	阀　杆	1	ZL201	
4	阀　体	1	ZL201	
3	弹　簧	1	65Mn	
2	胶　垫	1	橡胶	
1	调节螺母	1	ZL201	
序 号	名　称	件数	材 料	备　注

设计		(日期)	(材料)	手压阀
校核				
审核			比例	(图样代号)
班级	学号		共 张 第 张	

旋向	右
有效圈数	6
总圈数	8.5
展开长度	486

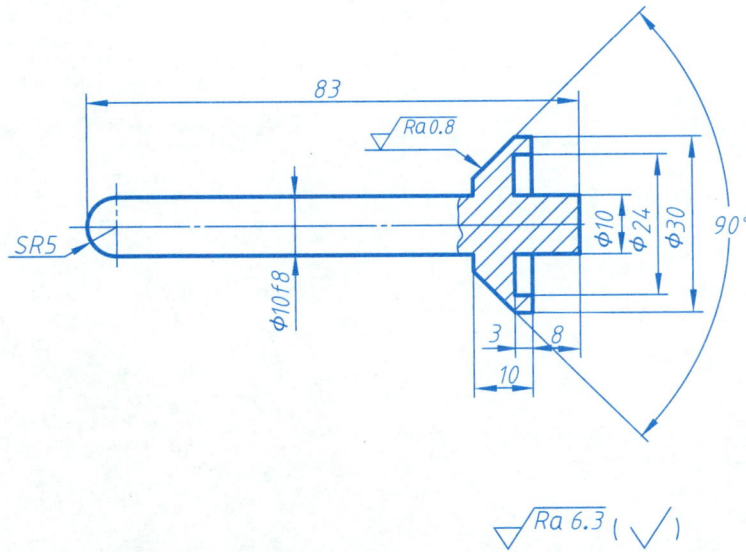

83　√Ra0.8　SR5　φ10f8　φ10　φ24　φ30　90°　3　8　10　√Ra6.3(√)

序号	5	名称	阀杆	比例	1:1	件数	1	材料	ZL201

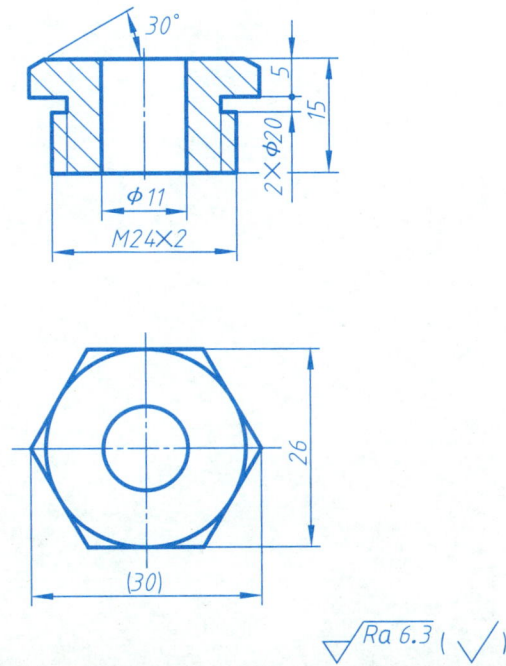

30°　5　15　2×φ20　φ11　M24×2　26　(30)　√Ra6.3(√)

序号	7	名称	填料压盖螺母	比例	1:1	件数	1	材料	ZL201

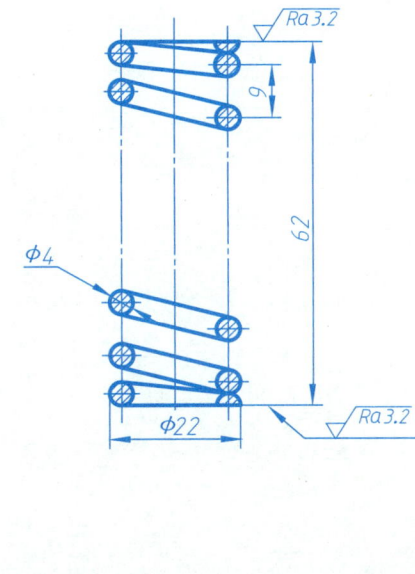

√Ra3.2　9　φ4　62　φ22　√Ra3.2　√(√)

序号	3	名称	弹簧	比例	1:1	件数	1	材料	65Mn

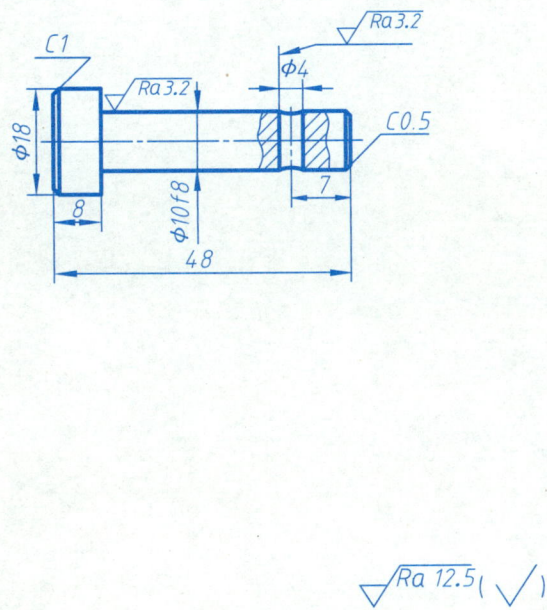

C1　√Ra3.2　Ra3.2　φ4　φ18　φ10f8　C0.5　8　7　48　√Ra12.5(√)

序号	8	名称	支杆	比例	1:1	件数	1	材料	ZL201

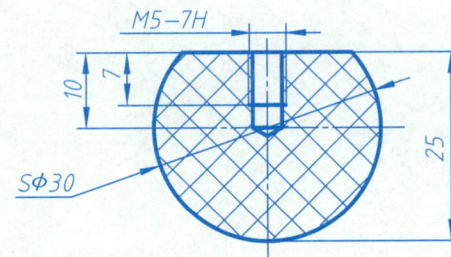

M5-7H　10　7　25　Sφ30

序号	11	名称	球头	比例	1:1	件数	1	材料	胶木

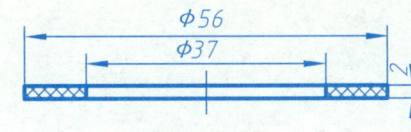

φ56　φ37　2

序号	2	名称	胶垫	比例	1:1	件数	1	材料	橡胶

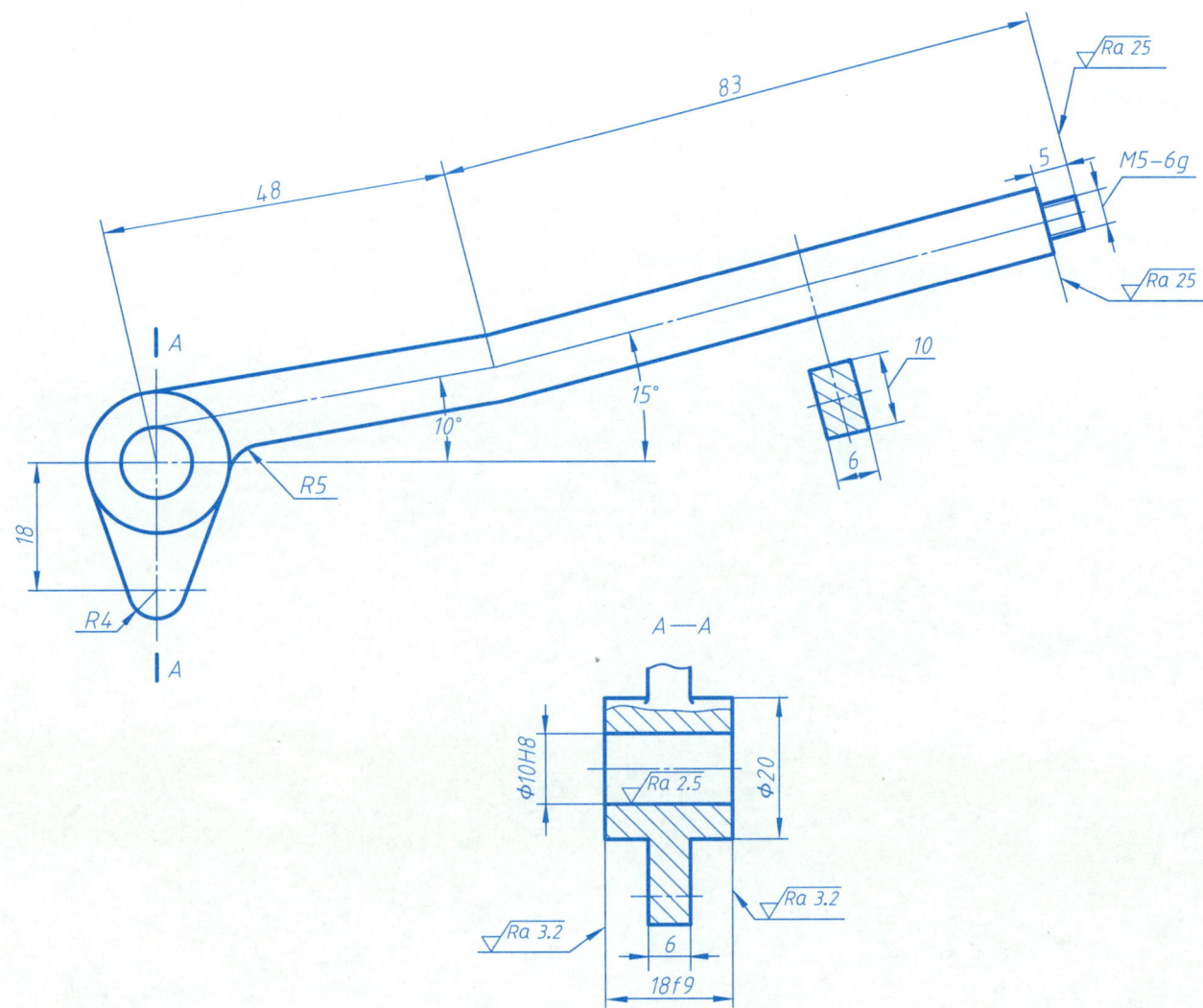

Ra 25

83

48

M5-6g

5

A

15°

10°

10

6

R5

18

R4

A

A—A

φ10H8

Ra 2.5

φ20

Ra 3.2

Ra 3.2

6

18f9

30°

12

26

10

7

3×Φ32

φ5

φ10

Φ25

M36×2

48

(56)

√(√)

√Ra6.3 (√)

| 序号 | 10 | 名称 | 手柄 | 比例 | 1:1 | 件数 | 1 | 材料 | ZL201 |

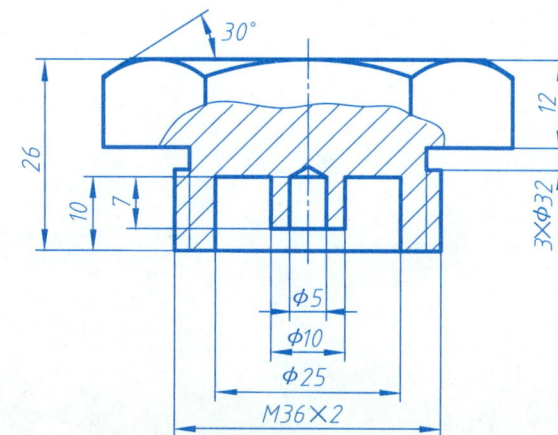

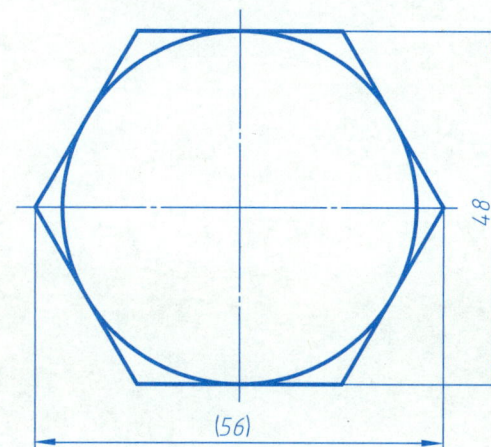

| 序号 | 1 | 名称 | 调节螺母 | 比例 | 1:1 | 件数 | 1 | 材料 | ZL201 |

R12
Φ10H9
40
12
M24×2
Ra 12.5
Φ10H8
13 16 18
G3/8
Ra 12.5
Ra 6.3
Φ15
Ra 6.3
90°
20
Φ23
Ra 0.8
Ra 6.3
16
Ra 12.5
120
70
26
26
105
78
Φ15
Φ30
55
36
16
G3/8
M36×2
C2
Ra 12.5
Ra 12.5
Ra 12.5

30
18H9
Ra 3.2
14
Ra 3.2
Ra 12.5
20
R20
6

28
R20
R28
60
118

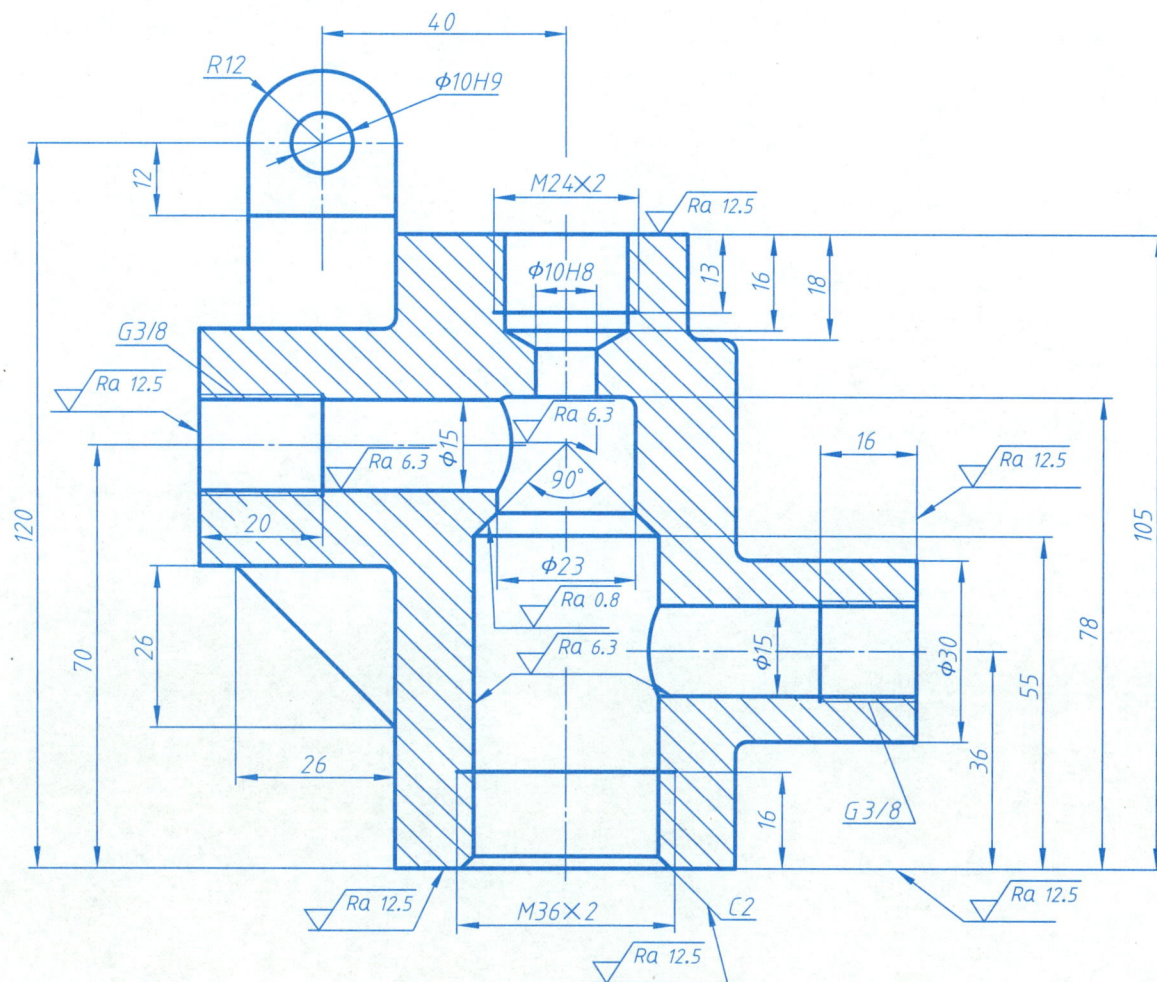

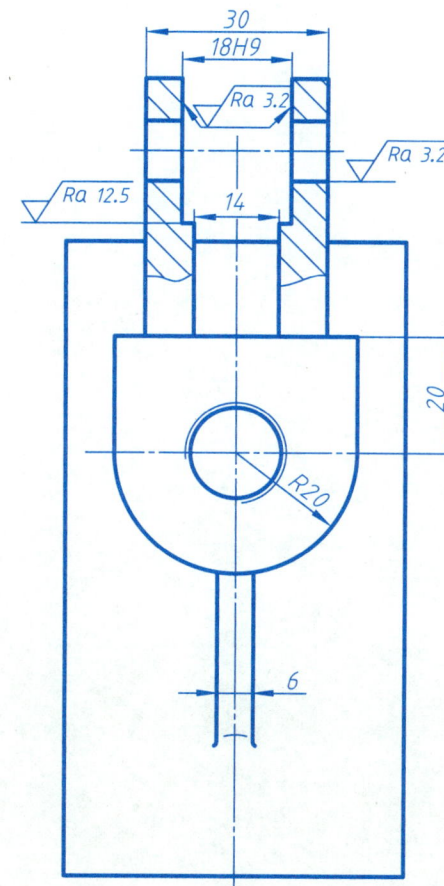

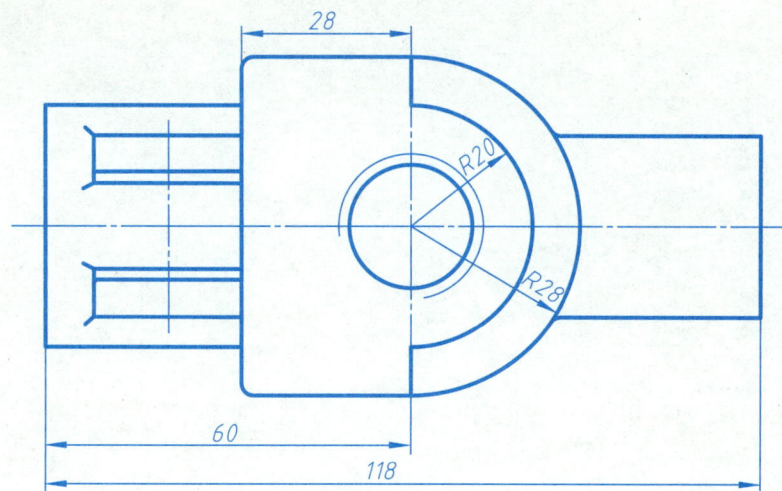

技术要求
未注圆角R3～R5。

| 序号 | 4 | 名称 | 阀体 | 比例 | 1:1 | 件数 | 1 | 材料 | ZL201 |

1. 管钳装配图。

工作原理：

转动手柄 4 带动螺杆 2 上下移动，可使滑块 6 随之向上或向下移动，从而夹紧或松开工件。

（1）螺杆 2 是通过什么结构带动滑块 6 移动的？

（2）管钳的夹紧是怎样实现的？

（3）主视图中方牙螺纹的用途是_____（连接/传动/管用螺纹），俯视图中的 120 是_____尺寸。

（4）主视图中的 160～189 和 152 是_____尺寸，俯视图中的 60 是_____尺寸。

（5）主视图中尺寸 36H8/f8 是_____制，_____配合；其中 36 是_____尺寸，H8 是_____；f8 是_____。

（6）另附纸画出钳座的必要视图（不标注尺寸）。

2. 限压阀装配图。

工作原理：

当液压油从油箱压入进管路时，推开下阀瓣 1，进入限压阀内腔；当内腔压力足够大时，油液顶开上阀瓣 3，进入阀体 2 的上部。

（1）"零件 3　A—A"和"零件 1　B—B"是_____特殊表达方法。

（2）欲拆出下阀瓣 1，必须先将零件_____拆出。

（3）该装配图中的外形尺寸有_____，安装尺寸有_____。

（4）当限压阀内腔压力足够大时，油液将推动上阀瓣 3 向_____（上/下）运动，起到限压的作用。

（5）另附纸拆画阀体 2 和上阀瓣 3 必要的视图（不标注尺寸）。

3. 微动机构装配图。

工作原理：

该部件是氩弧焊机的微调机构。导杆 10 右端有一 M10 螺孔，用于固定焊枪。当转动手轮 1 时，螺杆 6 被带动而作螺旋运动，导杆 10 在导套 9 内作轴向移动实现微调。导杆 10 上装有键 12，它在导套 9 内起导向作用，由于导套 9 用紧定螺钉 7 固定，所以导杆 10 只能作直线运动。

（1）本装配图由_____个基本视图表达，左视图采用_____剖视图。

（2）本装配图有_____种零件，有_____种标准件。

（3）主视图中 M12 表示的螺纹为_____旋螺纹，当逆时针转动手轮 1 时，导杆 10 向_____移动（左/右）。

（4）φ30H8/k7 表示零件_____和零件_____之间是_____制_____配合。

（5）俯视图上 22 是_____尺寸。

（6）另附纸拆画导套 9 和支座 8 必要的视图（不标注尺寸）。

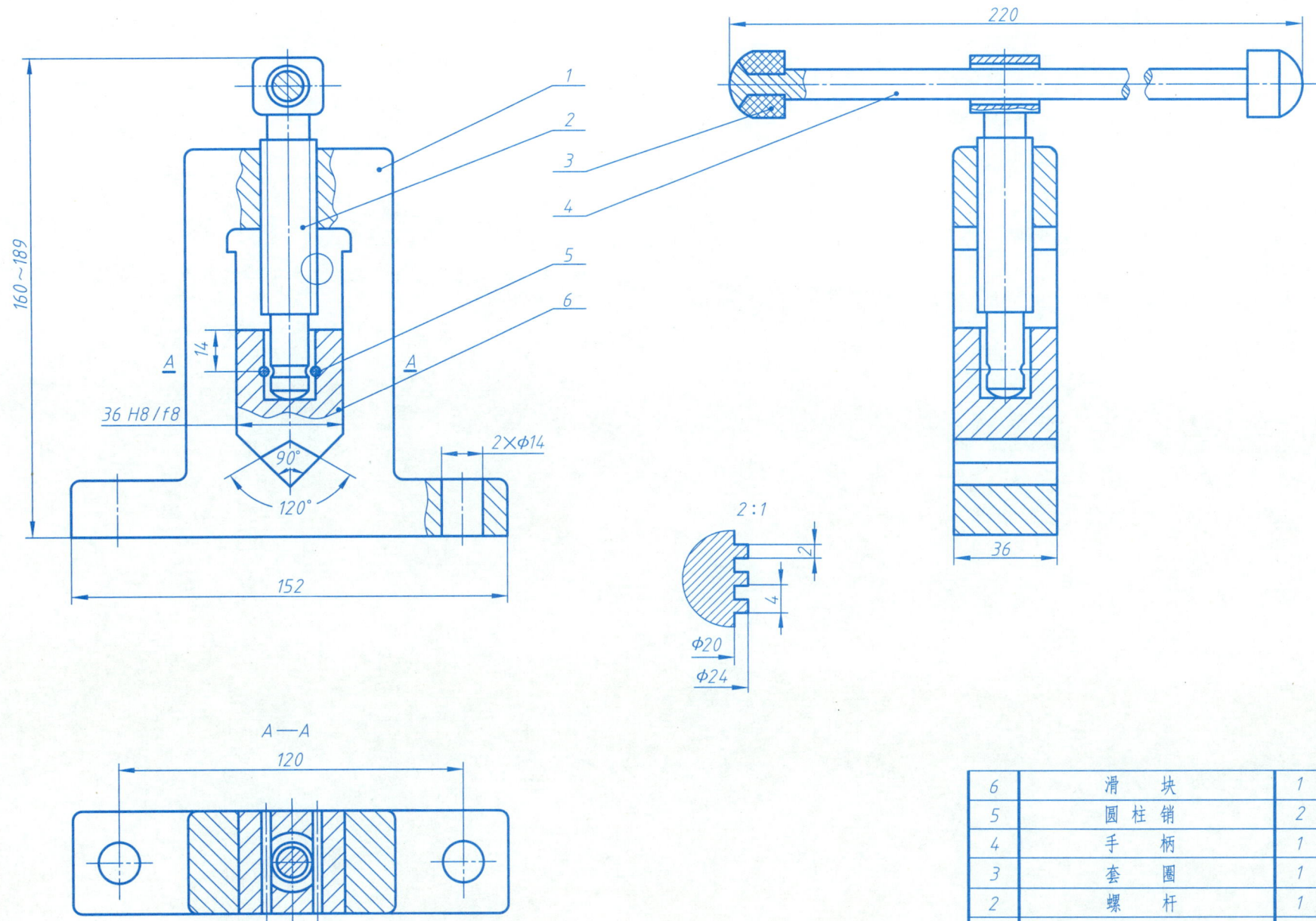

220

160~189

14

36 H8 / f8

90°

120°

2×φ14

152

2:1

2

4

φ20

φ24

36

A—A

120

A　　A

1
2
3
4
5
6

6	滑　块	1	Q235	
5	圆柱销	2	Q235	GB/T 119.1 15m5×40
4	手　柄	1	Q235	
3	套　圈	1	橡胶	
2	螺　杆	1	Q235	
1	钳　座	1	HT200	
序 号	名　称	件数	材料	备　注

设计		（日期）	（材料）	管　钳
校核				
审核			比例	（图样代号）
班级	学号		共　张第　张	

5

4

3

2

A　　　　　A

G1/2

B —　　　— B

G1/2

1

G1/2

80

50

28

52

47

零件3 A—A
2:1

零件1 B—B
2:1

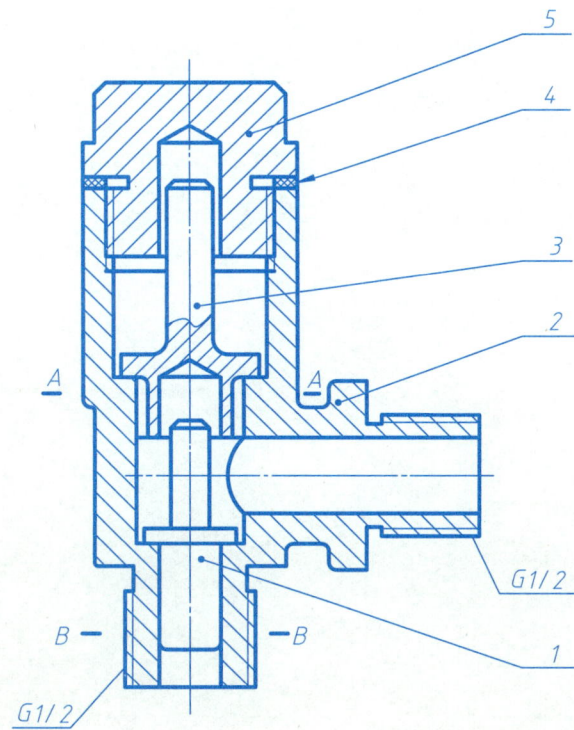

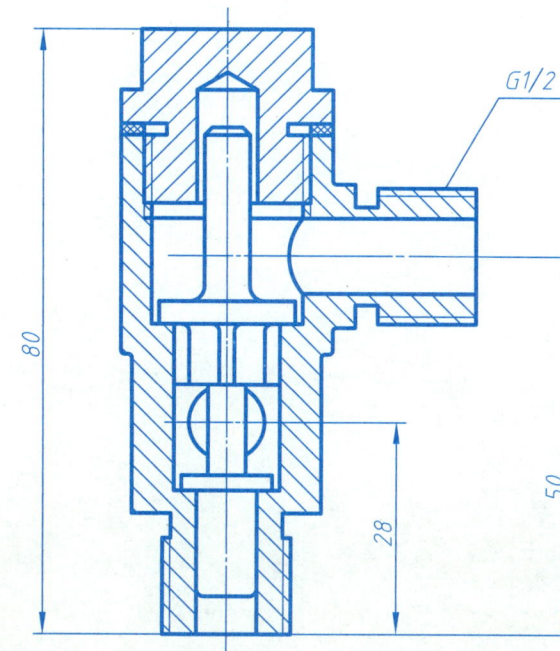

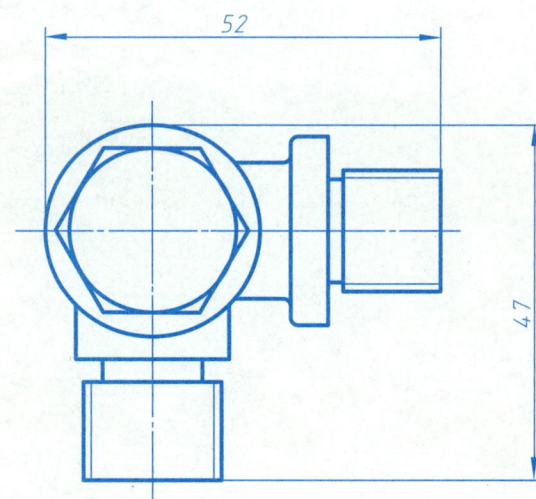

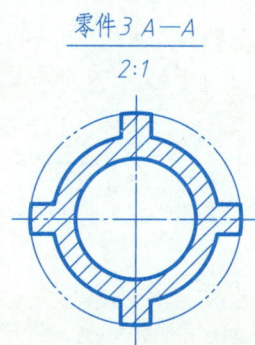

5	螺　　塞	1	HT235	M22×1.5
4	垫　　片	1	耐油橡胶	
3	上 阀 瓣	1	45	
2	阀　　体	1	HT235	
1	下 阀 瓣	1	45	
序号	名　　称	件数	材料	备　　注
设计		（日期）	（材料）	限压阀
校核				
审核		比例		（图样代号）
班级	学号		共 张 第 张	

A—A

φ68

36

M10

B

φ20H8/f7

190～200

φ8H8/h9

φ30H8/k7

C—

M12

A

C—C

4×φ7

⌴φ16▽2

22

82

B—B

8H9/h9

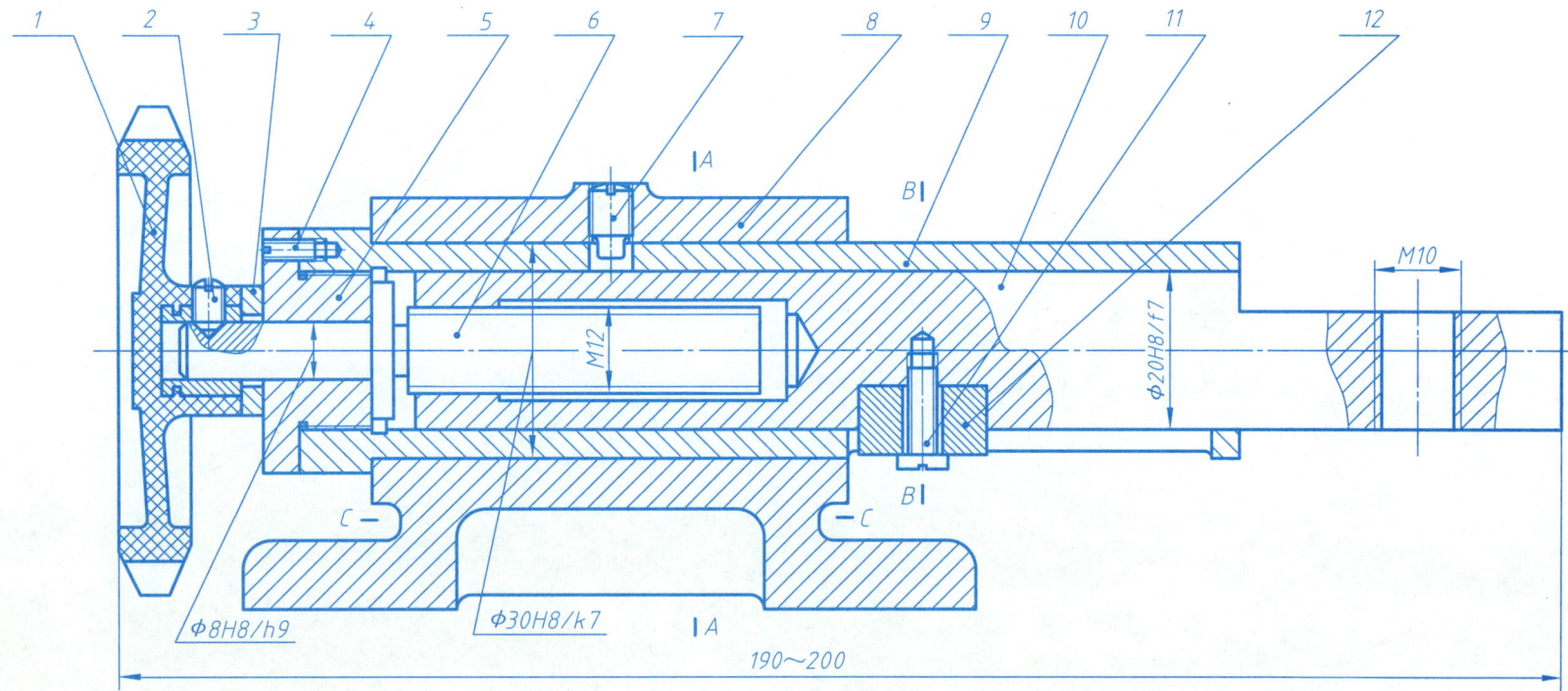

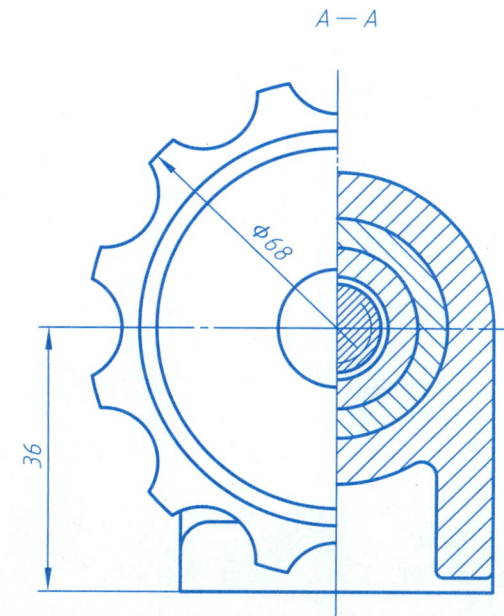

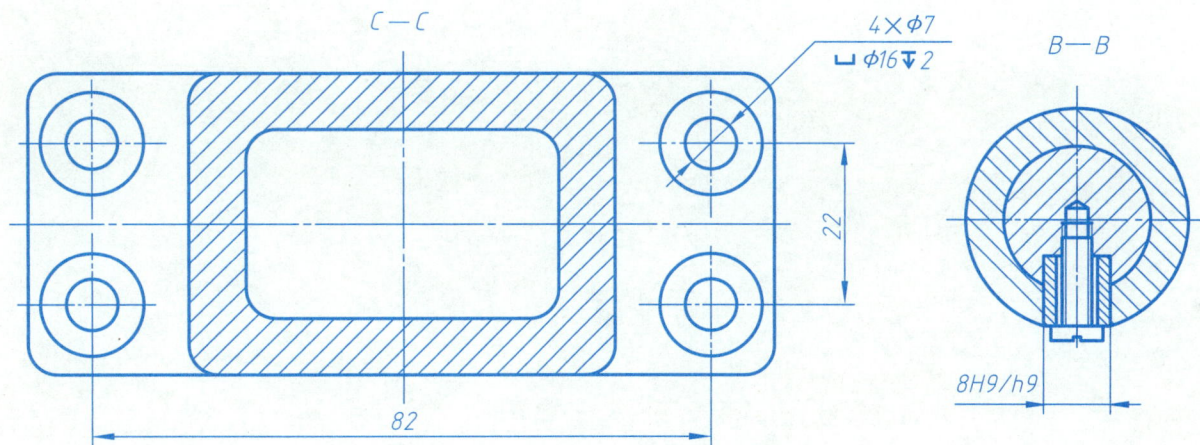

12	键	1	45	
11	螺钉	1	Q235	GB/T 67 M3×14
10	导杆	1	45	
9	导套	1	45	
8	支座	1	铝	
7	紧定螺钉	1	Q235	GB/T 75 M6×12
6	螺杆	1	45	
5	轴套	1	45	
4	紧定螺钉	1	Q235	GB/T 73 M3×8
3	垫圈	1	Q235	GB/T 97.1 10
2	紧定螺钉	1	Q235	GB/T 71 M5×8
1	手轮	1	酚醛塑料	
序号	名称	件数	材料	备注

设计		（日期）	（材料）	微动机构
校核				
审核			比例	（图样代号）
班级	学号		共张第张	

参 考 文 献

[1] 董黎君，李虹. 工程制图基础习题集 [M]. 2 版. 北京：高等教育出版社. 2017.

[2] 张淑娟，马麟，等. 画法几何与机械制图习题集 [M]. 北京：高等教育出版社. 2011.

[3] 李虹. 画法几何及机械制图习题集 [M]. 北京：国防工业出版社. 2005.

[4] 李虹. 工程制图习题集 [M]. 北京：国防工业出版社，2008.

[5] 李虹. 计算机构型设计及计算机绘图实验教程 [M]. 北京：国防工业出版社，2011.